VEGAS
Movie Studio 15
ビデオ編集入門

思いを込めて撮影したビデオ。
だから、編集作業も、きっと楽しい！

阿部信行 著

Windows 7 / 8.1 / 10 (64ビット) 対応

Platinum にも対応

Rutles

JN193993

本書をお読みになる前に
◎本書は、発行所（株式会社ラトルズ）の編集方針により、「VEGAS Movie Studio 15 Platinum」をベースに執筆・編集しました。しかし、「VEGAS Movie Studio 15」（以下「通常版」と呼びます）のユーザーにも、スムーズに読んでいただけるよう、「Platinum」と異なる操作については適宜、解説を加えるなど配慮しました。

◎本書の中で PLATINUM と表示されている機能は、「Movie Studio 15」（「通常版」とも呼びます）では利用できませんので、あらかじめご承知おきください。

免責事項、内容のお問い合わせについて
これらについては巻末ページの下部に明記してあります。必ずお読みくださいますよう、お願いいたします。

本文中に登場する会社名、製品名、ソフト名などは、各メーカーの商標または登録商標です。

はじめに

　本書は、ソースネクストの『VEGAS Movie Studio 15』(以下「Movie Studio」と省略)を利用して、初めてビデオ編集を行うユーザー向けに、Movie Studio の操作方法を、わかりやすく解説したガイドブックです。

　また、ビデオ編集で作成したムービーを利用して、DVDビデオや Blu-ray Disc を作成するためのオーサリングソフト『VEGAS DVD Architect』(以下「DVD Architect」と省略)の利用方法も解説いたしました。

　動画の編集で大切なことは、編集ソフトの使い方を覚えることではありません。その編集ソフトを使って、どのような動画を作りたいのか仕上がりをイメージすることが重要です。そして、そのイメージを実現する、あるいはイメージに近づけるためには、編集ソフトのどの機能をどのように利用すればよいのかを知れば良いのです。

　本書では、残念ながら映像を創作するためのイメージについては、解説できません。しかし、自分のイメージに近づけるにはどうすればよいのか、それをお伝えするお手伝いはできます。

　今回の Movie Studio は、初心者に大変わかりやすく操作しやすいビデオ編集ソフトとして仕上がっています。とはいえ、初めてビデオ編集するとなると、右も左もわからない状態かも知れません。でも大丈夫です。本書で解説している手順通りに操作すれば、作品ができあがります。ただし、それは自分がイメージしたものではありません。でも、ここで覚えた操作手順を応用すれば、何をどうすればよいのか、右へ行くのか左へ行くのか、ある程度方向性が見えてきます。

　それでいいのです。そこから、さらに発展して、自分の思い通りの映像が作れるようになります。そのための第一歩のお手伝いを本書ができれば、筆者としては嬉しい限りです。

　何でも簡単には作れません。このガイドブックでさえ、多くのスタッフの力を借りて出来上がっています。Movie Studio の新しいユーザーとなられた方も、本書に結集された力を利用しながら、自分だけのイメージを形にして、映像編集の世界を楽しんでいただければ幸いです。

2018年3月
阿部信行

CONTENTS

Chapter 1　「VEGAS Movie Studio 15」でビデオ編集を行うための準備

- 1-1　Movie Studioのインターフェイス──**008**
- 1-2　動画の基本──**014**
- 1-3　新規にプロジェクトを作成する──**017**
- 1-4　メディアを取り込む──**023**
- 1-5　写真データの取り込み──**032**
- 1-6　オーディオデータの取り込み──**037**

Chapter2　ビデオデータを編集する

- 2-1　タイムラインの構成要素と機能──**040**
- 2-2　トラックヘッダーの機能と操作──**046**
- 2-3　タイムラインにメディアを配置する──**049**
- 2-4　トラックのズーム操作と高さ調整──**055**
- 2-5　イベントを編集する──**060**
- 2-6　マーカー、リージョンを利用する──**070**
- 2-7　イベントをトリミングする──**073**
- 2-8　トリマーウィンドウでトリミングする──**080**
- 2-9　4K映像の取り込みと編集──**087**
- 2-10　マルチカメラ編集を利用する──**092**

Chapter3　イベントにエフェクトを設定する

- 3-1　トランジションを設定する──**100**
- 3-2　トランジションをカスタマイズする──**109**
- 3-3　オーバーラップでトランジションを設定する──**113**
- 3-4　イベントにビデオFXを設定する──**117**
- 3-5　ビデオFXをアニメーションさせる──**128**
- 3-6　ピクチャー・イン・ピクチャーを作成する──**134**
- 3-7　クロマキーによる合成を行う──**142**
- 3-8　写真データからスライドショーを作成する──**148**

CONTENTS

Chapter4　タイトルを設定する

- 4-1　メインタイトルを作成する —— **162**
- 4-2　スクロールタイトルを作成する —— **175**
- 4-3　トラックモーションでスクロールタイトルを作成する —— **185**
- 4-4　エンドロールを作成する —— **193**
- 4-5　テイクを利用して配置する —— **198**

Chapter5　オーディオデータを利用する

- 5-1　イベントにBGMを設定する —— **204**
- 5-2　イベントの音量を調整する —— **207**
- 5-3　オーディオ用のエフェクトを利用する —— **216**
- 5-4　ナレーションを録音する —— **219**

Chapter6　ムービーを出力する

- 6-1　プロジェクトをMP4形式で出力する —— **224**
- 6-2　YouTubeにアップロードする —— **230**
- 6-3　スマートフォン（iPhone）での再生用に出力する —— **233**
- 6-4　スマートフォン（iPhone）の動画データを編集する —— **235**
- 6-5　Movie StudioからDVDビデオを作成する —— **246**
- 6-6　DVD Architect編：メニュー付きDVDビデオの「新規プロジェクト設定」 —— **248**
- 6-7　DVD Architect編：メニュー付きDVDビデオの「メディアの追加」 —— **253**
- 6-8　DVD Architect編：メニュー付きDVDビデオの「メニュー作成」 —— **256**
- 6-9　DVD Architect編：メニュー付きDVDビデオの「メニューデザインを変更」 —— **265**
- 6-10　DVD Architect編：メニュー付きDVDビデオの「BGMを設定」 —— **277**
- 6-11　DVD Architect編：メニュー付きDVDビデオの「メディアへの書き出し」 —— **278**

　　　索引 —— **283**

CONTENTS

TIPS&POINT

「トリマー」ウィンドウを表示する ················· 010
ショートカットキーの設定 ·························· 011
デフォルトのウィンドウレイアウトに戻す ········· 011
「29.97fps」ってなに? ······························· 015
タイムコード表示の切り替え ························ 016
プロジェクトについて ································ 017
リージョンコードとは別のもの ····················· 018
AVCHD ··· 019
「メディアの設定と一致させる」を利用する ······· 020
長時間録画のデータを編集する ····················· 020
パソコンとの接続設定 ································ 023
キヤノン「iVIS HF G20」···························· 024
リムーバブルディスク ································ 024
メモリーカードリーダーを利用する ················ 024
「DCIM」フォルダー ·································· 025
階層構造 ·· 026
複数のファイルを選択する ············· 027、033、038
[開く]ボタンから読み込む ·························· 027
ドラッグ&ドロップで追加する ············ 028、035
リンク切れ ··· 031
著作権に注意する ····································· 038
リージョンについて ·································· 045
「リップル」について ································· 045
トリミングボタンの有効／無効 ····················· 045
複数のメディアを選択する ·························· 050
カーソルがイベントの上にある場合 ················ 052
イベント上にドラッグ&ドロップした場合 ········ 054
「自動リップル」がオフの場合 ····················· 054
ボタンとボタンの間のエリアで調整 ········ 056、058
矢印キーで調整する ·································· 057
ズームツールで調整する ····························· 057
[ズームツール]ボタンで調整する ·················· 058
[ズーム編集ツール]ボタンで調整する ············· 059
詳細メニューのコマンドを利用する ················ 059
ショートカットキーを利用する ····················· 061
シャッフルの位置は自由 ····························· 062
「上書き」のポイント ································· 063
キーボードで操作する ································ 064
右クリックメニューから選択する ·················· 064
編集操作の「取り消し」と「やり直し」 ··········· 066
メニューバーからコマンド選択する ················ 068
テイクイベントが短い ································ 069
メニューバーから設定する ·························· 070
マーカーの利用 ······································· 071
すべてのマーカー、リージョンを削除する ········ 072
ポストを発生させない ···················· 075、076、077
元に戻すときのマーク ································ 075
イベントの選択をわすれないように ················ 076
キーボードから設定する ····························· 082
「ループリージョン」について ····················· 082
3ポイント編集 ·· 083
ドラッグ&ドロップで配置 ·························· 083
サブクリップとして利用する ······················· 085
拡張子が「.sfk」のファイル ························ 091
4Kのフレームを静止画像に切り出す ··············· 091
複数のイベントを続けて配置 ······················· 094
オーディオトラックの選択 ·························· 095
マルチカメラモードとトラックの確認 ············· 096
音声も切り替えたい ·································· 098
効果のプレビュー ····································· 101
禁止マークが表示される ····························· 102
トランジションの設定表示が赤い ·················· 103
プレビューの解像度を変更する ····················· 104
複数のイベントを選択する ·························· 105
色空間を変更 ·· 111
色空間の選択について ································ 111
テンプレートとして搭載 ····························· 112
オーディオトラックもオーバーラップ ············· 115
[Ctrl]+[7]キーで解除する ··························· 116
「ビデオFX」ウィンドウでも同じ ··················· 119
ダイアログボックスのサイズ変更 ·················· 130
補完カーブのタイプ ·································· 133

デフォルトを選択する ································ 135
グロー表示のパラメータ ····························· 140
ピクチャ・イン・ピクチャをアニメーションさせる ··· 141
「スレッショルド」について ······················· 146
合成のアニメーション化 ····························· 147
イベントの不透明度調整 ····························· 147
静止画像の表示秒数 ·································· 149
アスペクト比 ·· 149
トランジションを設定する ·························· 151
表示時間の調整 ······································· 151
映像から静止画像を切り出す ······················· 152
「クロップ」について ································ 154
ズームインの設定 ····································· 156
ハンドルを回転させる ································ 158
表示が変わらない! ··································· 159
写真の明るさを調整する ····························· 160
プリセットのプレビュー ····························· 164
手動で表示する ······································· 165
フォントのインストール ················· 167、179
フォントサイズを選択して変更 ····················· 168
トラッキングについて ································ 169
色の選択方法について ································ 169
「オフセット」と「ブラー」 ············ 171、189
「長さ」を変更した結果の反映 ········· 173、184
テロップの文字数制限 ································ 178
画面の画質を変更する ································ 181
エフェクトは「時系列」···························· 183
文字数が多い場合の処理 ····························· 183
不用なテキストボックス ····························· 195
複数選択する ·· 196
複数のイベントを選択する ·························· 199
「アクティブ」について ····························· 201
テイクの表示時間 ····································· 201
プロジェクトを保存する ····························· 201
フェードイン、フェードアウトを利用する ········ 206
音量の単位「dB」 ···································· 207
「プレビューフェーダー」を表示する ············· 209
右クリックで表示する ································ 211
キーフレームを削除する ····························· 213
フェードの種類を変更する ·························· 214
映像と音声を分割する ································ 215
エフェクトのオン／オフ ····························· 217
「録音モード」と「録音アーム」 ··················· 222
「名前を付けてレンダリング」でも保存可能 ····· 225
レンダリングとは ····································· 225
詳細設定を行わない場合 ····························· 227
AVCHD形式について ································ 229
H.264について ·· 229
後から入力する ······································· 231
テンプレートについて ································ 234
インポートデータの保存先 ·························· 236
メッセージが表示された ····························· 239
「プロパティ」で縦位置設定を確認 ················ 242
メニュー付きのDVDビデオを作成したい ········· 246
「NTSC」と「PAL」について ······················ 247
[DVD Architectに送信]について ·················· 250
筆者からのおすすめ ·································· 250
Movie Studioから起動した場合 ··················· 251
DVD Architect用に出力したメディアファイルの場合 ·· 255
イントロダクションムービーの追加 ················ 255
マーカーを削除する ·································· 257
ボタンが重なっている ································ 259
リンクボタンについて ································ 262
「プロジェクト概要」ウィンドウで削除 ·········· 263
テーマを元に戻す ····································· 265
背景だけを変更する ·································· 266
ツールボタンでもOK ································· 272
オリジナルカラーパレットを利用する ············· 273
「ブラー」について ·································· 274
再生される位置を確認する ·························· 279
ボタン機能の修正 ····································· 280
エラーを修正するには ································ 281

006

Chapter 1

VEGAS
Movie Studio 15
ビデオ編集入門

「VEGAS Movie Studio 15」でビデオ編集を行うための準備

ここでは「VEGAS Movie Studio 15」(以下「Movie Studio」と省略)でビデオ編集を行う前に準備しておくことや、ビデオ編集を行う前に知っておくと役立つ基礎知識について解説しています。Movie Studioの画面構成やそれぞれの機能、データの取り込み方法などを理解し、ビデオ編集を行うための準備を整えましょう。

Chapter 1 「VEGAS Movie Studio 15」でビデオ編集を行うための準備

1-1 Movie Studio のインターフェイス

Movie Studio のインターフェイスは、オリジナリティある構成です。ここでは、Movie Studio の編集画面がどのような機能で構成され、それぞれどのような役割を担っているのかを解説します。

Movie Studio編集ウィンドウの画面構成

　Movie Studioは、ビデオカメラなどで撮影した動画データを取り込み、編集、そして出力するためのアプリケーションソフトです。映像データの取り込みから編集、出力までのすべての作業を、Movie Studioの編集画面で行います。

❶ **メニューバー**
各種コマンドを選択実行するメニューが表示される。

❷ **メインツールバー**
Movie Studioで実行できるコマンドが、アイコンの形で登録されている。

❸ **ウィンドウドッキングエリア**
「プロジェクトメディア」、「トランジション」、「ビデオFX」、「メディアジェネレーター」などグループ化されたウィンドウのほか、「トリマー」ウィンドウ、「ビデオプレビュー」ウィンドウ、オーディオメーターなど複数のウィンドウを表示するエリア。なお、グループ化されているウィンドウは、ウィンドウ下にあるタブをクリックして切り替える。

❹ **トランスポートコントロール**
メディアファイルの再生、停止などをコントロールする。

❺ **マーカーバー**
タイムラインに設定したマーカーを表示する領域。

008

Chapter 1　「VEGAS Movie Studio 15」でビデオ編集を行うための準備

❻「時間表示」ウィンドウ
タイムライン上にある現在のカーソル位置のタイムコードが表示されている。

❼トラックリスト
プロジェクトで利用しているビデオ、オーディオなどのデータを配置・編集しているトラックが表示され、それぞれのトラックのマスタコントロールが一覧表示されている。

❽タイムライン
ビデオ編集を行うためのメインの作業エリア。ここに、ビデオや写真、オーディオなどの素材を配置して編集を行う。

❾スクラブコントロール
スクラブコントロールをドラッグすると、カーソル位置から前後にシャトルして、編集ポイントをスピーディに見つけられる。

❿タイムラインツールバー
タイムラインに配置したメディアの操作を行うための、各種ボタンが用意されている。

操作性を高める

　デフォルト（初期設定）では、「トリマー」ウィンドウが表示されていませんが、トリミングを行うときにこのウィンドウを表示すると、トリミング作業をスピーディに行うことができます。

「トリマー」ウィンドウ

❶トランスポートコントロール
メディアファイルの再生、停止などをコントロールする。

❷トリマーツールバー
トリミングで利用するコマンドがボタンで登録されている。

「トリマー」ウィンドウを表示した編集画面

Chapter 1 「VEGAS Movie Studio 15」でビデオ編集を行うための準備

　「トリマー」ウィンドウを表示する

「トリマー」ウィンドウを表示するには、「プロジェクトメディア」ウィンドウやトラックにあるメディアのサムネイル上で右クリックし、「トリマーで開く」を選択して表示します。

❶右クリックする
❷選択する

表示サイズを変更する

　ウィンドウとウィンドウが接して表示されている場合、境界にマウスを合わせるとマウスの形が変わり、ドラッグで表示サイズを変更できます。

❶マウスを境界に合わせる

❷ドラッグして変更する

010

Chapter 1 「VEGAS Movie Studio 15」でビデオ編集を行うための準備

ウィンドウレイアウトの保存

　操作しやすいようにパネルのレイアウトを変更した場合は、これを登録できます。これによって、操作目的によって利用しやすいレイアウトに切り替えながら作業ができます。登録は、メニューバー「表示」メニューから操作します。

❶選択する
❷名前を入力する
❸設定ファイルの保存場所を指定する
❹[OK]ボタンをクリックする

登録したレイアウトを選択できる

TIPS　ショートカットキーの設定

登録したウィンドウレイアウトには、ショートカットキーが割り当てられていますが、これは自由に変更できます。

TIPS　デフォルトのウィンドウレイアウトに戻す

初期設定のウィンドウレイアウトに戻す場合は、「デフォルトのレイアウト」を選択し、元の初期状態に戻します。

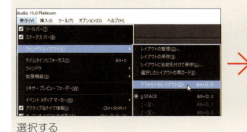

選択する　　　　　　　　　　　　　　　デフォルトのレイアウトに戻る

Chapter 1　「VEGAS Movie Studio 15」でビデオ編集を行うための準備

ウィンドウドッキングエリア

　編集画面の上半分は、「ウィンドウドッキングエリア」と呼ばれ、複数のウィンドウを作業がしやすいように組み合わせて利用できます。また、「プロジェクトメディア」ウィンドウや「エクスプローラ」ウィンドウ、「トランジション」ウィンドウ、「ビデオFX」ウィンドウ、「メディアジェネレータ」ウィンドウなどの5つのウィンドウはグループ化されていて、タブで切り替えて表示します。

◉「プロジェクト メディア」ウィンドウ（→P.25）

　プロジェクトで利用する各種メディア（素材）を整理、管理するためのウィンドウです。

◉「メディアジェネレータ」ウィンドウ（→P.162）

　プロジェクトにテキストやタイトル、背景などを追加／選択するためのウィンドウです。

◉「ビデオFX」ウィンドウ（→P.118）

　トラックやイベントに対して、ビデオエフェクトプリセットを選択／プレビューするためのウィンドウです。

◉「トランジション」ウィンドウ（→P.100）

　タイムラインに配置したメディアに対してトランジションエフェクトを設定する際、トランジションを選択／プレビューするためのウィンドウです。

Chapter 1 「VEGAS Movie Studio 15」でビデオ編集を行うための準備

◉「エクスプローラ」ウィンドウ

　パソコン上のハードディスクの内容を階層構造で表示し、ファイルの選択やプレビューを実行できます。表示領域内でマウスを右クリックし、「表示」メニューからファイルの表示形式を変更できます。

◉「ビデオプレビュー」ウィンドウ(→P.29)

　タイムラインでプロジェクトを編集中、カーソル(再生ヘッド)のある位置のフレーム映像が表示されます。

◉「トリマー」ウィンドウ(→P.80)

　イベントをトリミングするためのウィンドウで、必要に応じて、フロート状態で表示できます。なお、「トリマー」ウィンドウは、他のグループにドッキングさせることができません。

◉レベルピークメーター(→P.208)

　音量をグラフで視覚的に表示します。

初心者のための「クイックスタート」

　Movie Studioには、初心者でも迷わずに編集操作ができるように、ヘルプ機能が充実しています。初めて起動した際にドッキングエリアの左端に表示される「クイックスタート」は、上から番号順に操作すればムービーが出来上がるという、初心者に嬉しいナビゲートシステムです。なお、「クイックスタート」を閉じた場合、メニューバーから「表示」→「ウィンドウ」→「クイックスタート」で再表示できます。

不用な場合は[×]をクリックする

013

Chapter 1　「VEGAS Movie Studio 15」でビデオ編集を行うための準備

1-2 動画の基本

動画を編集する際に、知っておくと編集がスムーズに行える3つの用語があります。それが、「フレーム」、「フレームレート」、「タイムコード」の3語です。ここでは、この3つの用語について解説しています。

3つの用語を覚えよう

　ビデオの編集では、次の3つの用語の意味を理解しておくことが重要です。これさえ覚えておけば、ビデオ編集もグッと身近になります。

●「フレーム」と「フレームレート」

　最初に、動画はどのように動きを表現しているのかを理解しておきましょう。動画は、連続写真を撮影し、これを高速に切り替えて表示することで、動きを表現しています。いわゆる「静止画像」を高速に切り替えて表示しているのですね。このときの1枚の写真を、ビデオ編集では「フレーム」と呼んでいます。

　そして、1秒間に何枚のフレームを表示しているのかを表す言葉が、「フレームレート」です。たとえば、一般的なハイビジョン映像の場合、1秒間に約30枚のフレームを切り替えて表示することで、動きを表現しています。なお、フレームレートは「fps」（frames per second）と表記されます。30枚のフレームを切り替えて表示している場合は、「30フレームレート」といい、「30fps」と表記します。

1枚の写真を「フレーム」という

複数の写真を高速に切り替えて動きを表現

014

Chapter 1 「VEGAS Movie Studio 15」でビデオ編集を行うための準備

「29.97fps」ってなに？

現在、ビデオカメラなどのフレームレートは「29.97fps」と表記されるのが一般的です。テレビがモノクロ放送の時代には、映像と音声信号を送信するためには30fpsでよかったのですが、カラー放送でカラー信号を送信するためには、フレームレートが29.97fpsである必要があり、29.97fpsという中途半端なフレームレートが採用されています。

● タイムコード

　タイムコードというのは、特定のフレームを指定するための「物差し」といえるものです。ある特定のフレームを指定する場合、フレームは1秒間に30枚もあるのですから、1時間、2時など長時間になると、枚数で指定するのも大変です。そこで、ビデオ編集では、特定のフレームを指定する場合、「タイムコード」という時間を利用して指定します。

　たとえば、画面に表示されているフレームですが、「時間表示」ウィンドウに数字が表示されていますね。これがタイムコードです。そして、タイムコードは以下のように読みます。

時　分　秒　フレーム数

　この場合、このフレームは2分27秒16フレーム目のフレームだという意味になります。
　なお、フレーム数に注意してください。たとえば、30fpsの場合、29フレーム目の次は1秒繰り上がり、00になります。

```
00:02:27;29 → 00:02:28;00
```

　ここがタイムコードのわかりにくいところです。また、フレームレートが29.97fpsの場合は、30fpsと比較すると「0.03」の誤差があります。この誤差を修正するために、フレーム数を間引く方法が利用されています。これを「ドロップフレームレート」といいます。フレームを間引かない方法を「ノンドロップフレームレート」といい、主に放送局などで利用されている方法です。通常はドロップフレームでOKです。

015

Chapter 1 「VEGAS Movie Studio 15」でビデオ編集を行うための準備

　なお、ドロップフレームとノンドロップフーレムでは、フレーム単位の部分での表記方法が異なります。

ドロップフレーム	00:02:27;16（セミコロンで区切る）
ノンドロップフーレム	00:02:27:16（コロンで区切る）

TIPS タイムコード表示の切り替え

「ドロップフレーム」と「ノンドロップフーレム」を切り替える場合は、「時間表示」ウィンドウを利用します。ウィンドウ内で右クリックし、「時間形式」のサブメニューから表示方法を選択します。メニューでは、「ドロップフレーム」と「ノンドロップフーレム」のほか、さまざまな表示方法が選択できます。
なお、SMPTEというのは、「Society of Motion Picture and Television Engineers」の略で、映画やテレビ技術の国際的な規格を策定する機関で、「ドロップフレーム」や「ノンドロップフーレム」も、この機関で策定された規格です。

- ノンドロップフレーム　：SMPTE ドロップなし（29.97fps、ビデオ）
- ドロップフレーム　　　：SMPTE ドロップ（29.97fps、ビデオ）

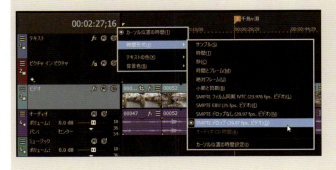

Chapter 1　「VEGAS Movie Studio 15」でビデオ編集を行うための準備

1-3 新規にプロジェクトを作成する

Movie Studioでは、現在編集で利用している素材データの保存場所、そのデータのタイムラインでの編集状態、さまざまなエフェクトの設定などを、「プロジェクトファイル」として保存しています。ここでは、そのプロジェクトの設定方法について解説します。

新規プロジェクトの作成

　Movie Studioは、ビデオカメラなどで撮影した「動画データ」を取り込み、これを編集してタイトルやBGMなどを設定し、「ムービー」として出力するためのアプリケーションソフトです。このとき編集中の情報は、「プロジェクトファイル」としてハードディスクに保存されます。

　なお、Movie Studioを起動すると「ようこそ」というスタートメニューが表示されるので、ここから「新規」や既存のプロジェクトファイルなどを選択して、編集を開始します。また、このメニューからは、Movie Studioの操作解説をするチュートリアルも起動できます。

> **POINT　プロジェクトについて**
>
> ビデオ編集での「プロジェクト」は、1つのムービーを作るときの、作業全体のことをいいます。映像の取り込み作業、編集作業、出力作用など、すべての作業をまとめて、プロジェクトといいます。

● 1・「新規プロジェクト」パネルの「ビデオ」設定

　Movie Studioを起動して、メニューバーから「プロジェクト」→「新規」を選択すると、「新規プロジェクト」ウィンドウが表示されるので、編集に必要な設定を行います。ここでは、次のような動画データを利用するという前提で設定してみましょう。これは、最も一般的なフルハイビジョン対応のビデオカメラで撮影した動画データです。

　最初に、「ビデオ」タブを設定します。

ファイル形式	AVCHD形式のフルハイビジョン映像
フレームサイズ	1920×1080
フレームレート	29.97fps

Chapter 1　「VEGAS Movie Studio 15」でビデオ編集を行うための準備

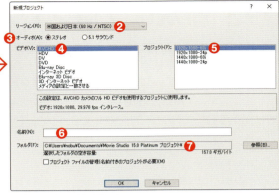

❶「新規」を選択する

❷「リージョン」を選択する
❸オーディオの形式を選択する
❹ビデオの形式を選択する
❺プロジェクトのテンプレートを選択する
❻プロジェクト名を入力する
❼プロジェクトファイルの保存場所を選択する

◉ 2・「リージョン」を選択する

ここでは、映像信号のタイプを選択します。映像データを海外に配布、送付する場合に注意してください。通常は「NTSC」を選択します。

- 米国および日本(60Hz/NTSC):主に日本、アメリカで再生する
- ヨーロッパとアジア(50Hz/PAL):ヨーロッパや東南アジア、中国などで再生する

TIPS　リージョンコードとは別もの

プロジェクト設定にある「リージョン」は、DVDビデオなどで利用されている「リージョンコード」とは異なります。ここでのリージョンとは、ビデオ信号の形式のことを指しており、一般的に米国や日本は「NTSC」(エヌ・ティー・エス・シー)という信号形式が利用され、ヨーロッパや中国、アジア各国では「PAL」(パル)という信号形式が利用されています。

018

Chapter 1 「VEGAS Movie Studio 15」でビデオ編集を行うための準備

● 3・「オーディオ」のタイプを選択する

ビデオカメラで撮影した映像が、どのタイプのオーディオ形式で記録されているかを選択します。撮影したビデオカメラで設定を確認して選択してください。

● 4・「ビデオ」を選択する

ビデオカメラで撮影した映像のファイル形式を選択します。現在主流のハイビジョン映像である「AVCHD形式」の場合は、「AVCHD」を選択します。その他、ビデオ素材のファイル形式に合わせて「ビデオ」を選択します。

> **POINT　AVCHD**
>
> 「AVCHD」(エイブイシーエッチディー)は、高画質なハイビジョン映像をDVDディスクやハードディスク、SDなどのメモリーカード上に撮影記録できるように開発された「ハイビジョン形式」の記録フォーマット(規格)のことをいいます。

● 5・「プロジェクト」を選択する

4で選択したビデオ形式のオプションを選択します。オプションは、利用する映像ファイル、あるいは出力したいファイル形式に合わせて選択します。選択したビデオとプロジェクトの解説が、コメント欄に表示されます。

ビデオ形式とプロジェクトの内容がコメント欄に表示される

Chapter 1 「VEGAS Movie Studio 15」でビデオ編集を行うための準備

「メディアの設定と一致させる」を利用する

編集で利用する映像データの詳細がわからない場合は、「ビデオ」の「メディアの設定と一致させる」の利用がおすすめです。選択した映像データのフォーマットに合わせて、自動的にプロジェクトが設定されます。

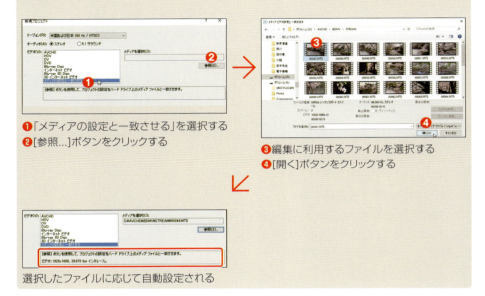

❶「メディアの設定と一致させる」を選択する
❷[参照...]ボタンをクリックする

❸編集に利用するファイルを選択する
❹[開く]ボタンをクリックする

選択したファイルに応じて自動設定される

長時間録画のデータを編集する

ビデオカメラのモードを長時間録画モードで撮影した場合は、フレームサイズで「1440×1080」を選択してください。これは、フレームの左右の幅を短くすることで、1920×1080のファイルよりファイルサイズを小さくし、長時間録画に対応しているからです。なお、表示する際には、自動的に1920×1080に拡張して表示されます。この規格を「アナモルフィック」といいます。

● 6・プロジェクト名を設定する

プロジェクトの名前を入力します。たとえば、「Chidori」や「千鳥ヶ淵」といった内容を推測しやすいプロジェクト名を設定します。こうすると、どのムービーを編集しているかがわかりやすくなりますし、後から再編集する場合も、どのプロジェクトを利用すればよいのかがわかりやすくなります。

なお、このプロジェクト名前は、このあと解説するプロジェクトファイルやムービーのメインタイトルなどにも利用できます。

Chapter 1 「VEGAS Movie Studio 15」でビデオ編集を行うための準備

● 7・「フォルダ」はプロジェクトの保存先

「フォルダ」では、プロジェクトファイルの保存先を指定します。特定のフォルダに保存したい場合は、[参照...]ボタンをクリックして、保存先フォルダを選択します。

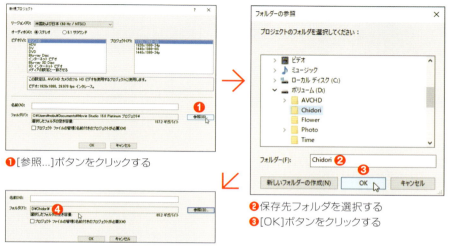

❶[参照...]ボタンをクリックする
❷保存先フォルダを選択する
❸[OK]ボタンをクリックする
❹フォルダが設定される

● 8・[OK]ボタンをクリックする

ダイアログボックスでの設定が終了したら、このボタンをクリックします。これで、編集画面に切り替わります。

プロジェクトの保存と読み込み

新規にプロジェクトの設定が終了して編集画面が表示されたら、一度プロジェクトを保存しておきます。このとき、まだ素材を読み込む必要はありません。ビデオ編集は、とてもシビアなシステム環境で作業を行います。そのため、いつ何時、ハングアップなどの事故に遭遇するかするかわかりません。そのため、プロジェクトの保存を習慣化するためにも、最初にプロジェクトの保存を行います。

● プロジェクトファイルの保存

編集を始める前に、プロジェクトを保存します。必ず必要な作業というわけではありませんが、プロジェクトの保存を習慣づけるためにも、頻繁に保存してください。

Chapter 1 「VEGAS Movie Studio 15」でビデオ編集を行うための準備

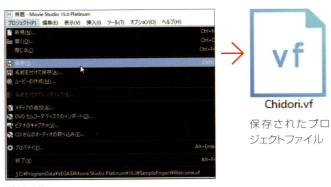

保存されたプロジェクトファイル

選択する

● **プロジェクトファイルの読み込み**

　編集中の作業を中断し、また途中から編集を再開する場合は、保存したプロジェクトファイルを読み込めば、中断した状態から再編集が可能です。この場合、Movie Studioを起動してから読み込んでもかまいませんが、保存してあるプロジェクトファイルをダブルクリックすると、Movie Studioを起動しながら、編集中のデータを読み込んで編集画面が表示されます。

❶「開く...」を選択する

❷ファイルを選択する
❸[開く]ボタンをクリックする

022

Chapter 1 「VEGAS Movie Studio 15」でビデオ編集を行うための準備

1-4 メディアを取り込む

プロジェクトの準備ができたら、いよいよ素材データをMovie Studioに取り込みます。ここでは、ビデオカメラのデータを一度ハードディスクにコピーし、そのデータをMovie Studioに取り込む方法を解説します。

ビデオカメラの接続

　ビデオカメラに記録されている映像データをMovie Studioで利用するには、ビデオカメラ内の映像データを、Movie Studioに取り込む必要があります。この場合、ビデオカメラ内の映像データを一度パソコンのハードディスク上にコピーしてから読み込む方法と、ビデオカメラからダイレクトに読み込む方法があります。ここでは、前者のハードディスクにコピーしてから利用する方法について解説します。

◉ 1・USBケーブルで接続する

　ビデオカメラとパソコンを接続します。AVCHD形式のビデオカメラの場合、ビデオカメラとパソコンは、USBケーブルで接続します。

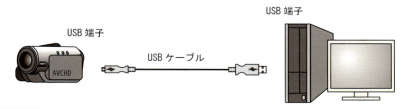

TIPS　パソコンとの接続設定

ビデオカメラとパソコンを接続後、ビデオカメラをパソコンに認識させる作業が必要になります。認識方法はビデオカメラによって異なるので、利用するビデオカメラのマニュアルを参照してください。

キヤノンのビデオカメラ(iVIS HF G20)の場合は、カメラ内のどのメモリーとパソコンを接続するかを選択する

Chapter 1　「VEGAS Movie Studio 15」でビデオ編集を行うための準備

> **POINT**　キヤノン「 iVIS HF G20」

本書で紹介しているサンプル映像は、ハイエンドユーザー向けのキヤノンのビデオカメラ「iVIS HF G20」を利用して撮影しました。AVCHD対応で1920×1080 のフルハイビジョンの映像を、32Gバイトの内蔵メモリーに記録するタイプのビデオカメラです。

ハイエンドユーザー向けのキヤノン「iVIS HF G20」

● 2・ビデオカメラはリムーバブルディスク

ビデオカメラをパソコンに接続すると、ビデオカメラは「リムーバブルディスク」として認識／表示されます。

> **POINT**　リムーバブルディスク

取り外し可能な外部外付けディスクのこと。

> **TIPS**　メモリーカードリーダーを利用する

ビデオカメラをパソコンに接続するのではなく、メモリーカードリーダーを利用するという方法もあります。たとえば、記録メディアがメモリーカードタイプのビデオカメラや、メモリー内蔵でもSDメモリーカードなどに映像をバックアップできる場合は、この方法を利用することをおすすめします。うっかりビデオカメラ内のビデオファイルを削除してしまうといった事故も防げます。

Chapter 1 「VEGAS Movie Studio 15」でビデオ編集を行うための準備

ビデオカメラからパソコンにコピーする

　ビデオカメラ内でビデオファイルが記録されているフォルダーを、パソコンにドラッグ＆ドロップでコピーします。AVCHD対応のビデオカメラには、「AVCHD」という名前のフォルダーがあります。ビデオファイルは、このフォルダーの下にさらにいくつかのフォルダーがあり、その中に保存されています。ここでは、このAVCHDフォルダーをパソコンのハードディスクにコピーしておきます。

「AVCHD」フォルダーをパソコンにドラッグ＆ドロップでコピーする

 「DCIM」フォルダー

ビデオカメラによっては、AVCHDフォルダーと一緒に、DCIMという名前のフォルダーがあります。ここには、ビデオカメラでPhotoボタンを使って撮影した写真データが保存されています。Movie Studioでは写真データも利用できるので、一緒にコピーしておくとよいでしょう。

「メディアの追加...」で[プロジェクトメディア]ウィンドウへ取り込む

　ビデオカメラからハードディスクにビデオデータがコピーできたら、次に、そのデータをMovie Studioに読み込んでみましょう。読み込み方法には複数ありますが、ここでは「メディアの追加...」を利用した読み込み方法を解説します。

◉ 1・[メディアの追加...]ボタンをクリックする

　ウィンドウ ドッキングエリアの「プロジェクト メディア」タブをクリックしてウィンドウを表示し、[メディアの追加...]ボタンをクリックします。

❶[プロジェクト メディア]タブをクリックする
❷[メディアの追加...]ボタンをクリックする

025

Chapter 1 「VEGAS Movie Studio 15」でビデオ編集を行うための準備

● 2・フォルダーを開く

ハードディスクにコピーしたビデオデータが保存されているフォルダーを選択し、ファイルが保存されているフォルダーを開きます。

❶「AVCHD」フォルダーを選択する
❷[開く]ボタンをクリックする

❸[BDMV]フォルダーを選択する
❹[開く]ボタンをクリックする

❺[STREAM]フォルダーを選択する
❻[開く]ボタンをクリックする

POINT　階層構造

AVCHD形式では、すべてのビデオカメラが同じ階層構造を利用しています。したがって、撮影した映像データは、必ず「AVCHD」→「BDMV」→「STREAM」フォルダーに保存されています。

● 3・ファイルを選択する

ファイルが保存されているフォルダーを開いたら、ファイルを選択して[開く]ボタンをクリックします。すべてのファイルを選択してもかまいません。

❼ファイルを選択する
❽[開く]ボタンをクリックする

026

Chapter 1 「VEGAS Movie Studio 15」でビデオ編集を行うための準備

複数のファイルを選択する

複数のファイルを選択する場合は、[Shift]キーや[Ctrl]キーを押しながらサムネイルをクリックしてください。複数のファイルを選択できます。

● 4・ファイルが読み込まれる

選択したビデオファイルが、「プロジェクト メディア」ウィンドウに読み込まれます。

ファイルが読み込まれる

[開く]ボタンから読み込む

ツールバーにある[開く]ボタンをクリックしても、[メディアのインポート...]と同じようにメディアを読み込めます。

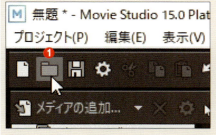
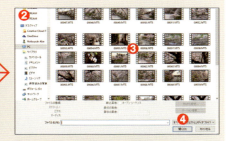

❶[開く]ボタンをクリックする
❷「開く」ウィンドウが表示される
❸ファイルを選択する
❹[開く]ボタンをクリックする

Chapter 1 「VEGAS Movie Studio 15」でビデオ編集を行うための準備

「デバイス エクスプローラー」を利用してカメラから読み込む

　Movie Studioを起動して[プロジェクト メディア]ウィンドウを表示してからビデオカメラをパソコンに接続すると、「デバイス エクスプローラー」ウィンドウが起動し、これを利用してメディアを読み込むことができます。

❹読み込みが開始される

❶ウィンドウが表示される
❷ファイルを選択する
❸[選択したクリップのインポート]をクリックする

❺メディアが読み込まれる

TIPS　ドラッグ&ドロップで追加する

もっとも簡単にビデオファイルを取り込む方法に、ドラッグ&ドロップがあります。Movie Studioを縮小表示して、ファイルが保存されているフォルダーから、「プロジェクト メディア」ウィンドウにビデオファイルをドラッグ&ドロップします。

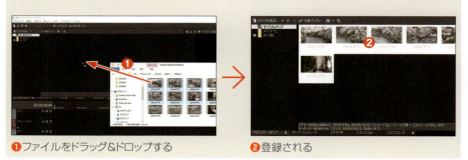

❶ファイルをドラッグ&ドロップする　　❷登録される

028

[プロジェクト メディア] ウィンドウでの表示

　[プロジェクト メディア] ウィンドウの左には、メディアのタイプごとに自動分別されるフォルダがツリー表示されています。このフォルダーのことを「ビン」と呼んでいます。たとえば、動画データを取り込んだ場合、「タイプ別」の「ビデオ」というビンに登録されています。

❶[+]をクリックして開く　　　　　　　　　　　❷「ビデオ」に登録されている

「自動プレビュー」でメディアをプレビューする

　Movie Studioに取り込んだメディアは、[自動プレビュー]ボタンを利用すると、プレビューウィンドウでプレビューできます。

❶[自動プレビュー]ボタンをクリックしてオンにする
❷サムネイルをクリックする

プレビューが開始される

Chapter 1　「VEGAS Movie Studio 15」でビデオ編集を行うための準備

メディアの削除

　Movie Studioに取り込んだメディアが不用になった場合は、これを削除します。なお、削除する方法によって、結果が異なります。

● プロジェクトから削除する

　Movie Studioに取り込んだメディアを、[プロジェクト メディア]ウィンドウからだけ削除するには、削除したいメディアを選んでキーボードの Delete キーを押すか、右クリックして「プロジェクトから削除」を選択します。

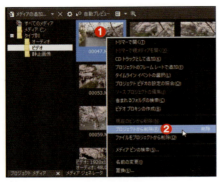

❶サムネイルを右クリックする
❷「プロジェクトから削除」を選択する

● ファイルをハードディスクから完全に削除する

　メディアを[プロジェクト メディア]ウィンドウから削除すると同時に、ハードディスク上からも削除したい場合は、メディアを右クリックし、「ファイルをプロジェクトから削除」を選択してください。パソコンのハードディスク上からも削除できます。

❷[はい]ボタンをクリックする

❶「ファイルをプロジェクトか削除」を選択する

030

Chapter 1 「VEGAS Movie Studio 15」でビデオ編集を行うための準備

メディアの表示方法を変更する

　「プロジェクトメディア」に取り込んだメディアは、[表示]ボタンを利用して、表示方法を「リスト」、「詳細」、「サムネイル」と切り替えて表示できます。なお、「詳細」では、メディアに関するさまざまな情報を確認できます。

❶[▼]をクリックする
❷表示方法を選択する

リスト表示

詳細表示

サムネイル表示

TIPS　リンク切れ

ハードディスク上に読み込んだデータファイルの名前を変更したり、あるいはファイルを移動させると、「リンク切れ」という状態になり、画面のようなメッセージが表示されます。たとえば、ファイルの名前変更や移動させた場合は、「不明なファイルの検索」を選択し、ファイル名や移動したフィルを選択してください。
ファイルを削除してしまった場合は、「メディアを再キャプチャする」を利用するか別のファイルを選択してください。「無視」を選択すると、毎回メッセージが表示されます。

031

Chapter 1 「VEGAS Movie Studio 15」でビデオ編集を行うための準備

1-5 写真データの取り込み

Movie Studioでは、動画と写真データの混在、あるいは写真データを利用したフォトムービーなどが簡単に作成できます。ここでは、写真データをMovie Studioに取り込む方法について解説します。

「メディアの追加...」でMovie Studioに読み込む

写真データをMovie Studioに取り込む場合、デジタルカメラのSDメモリーなどから、データをハードディスクの「ピクチャ」フォルダーなどにコピーしてから作業を行うと、取り込んだ後の写真整理も楽になります。

● 1・[メディアの追加...]ボタンをクリックする

「プロジェクト メディア」タブをクリックし、表示されたウィンドウで[メディアの追加...]ボタンをクリックします。

[メディアの追加...]ボタンをクリックする

● 2・フォルダーを開く

ハードディスクにコピーした写真データが保存されているフォルダーを選択して開きます。

❶写真データのフォルダーを選択する
❷[開く]ボタンをクリックする

032

Chapter 1 「VEGAS Movie Studio 15」でビデオ編集を行うための準備

● 3・写真データを選択する

写真データのファイルが保存されているフォルダーを開いたら、ファイルを選択して[開く]ボタンをクリックします。

❸ファイルを選択する
❹[開く]ボタンをクリックする

 複数のファイルを選択する

複数のファイルを選択する場合は、[Shift]キーや[Ctrl]キーを押しながらサムネイルをクリックしてください。複数のファイルを選択できます。

● 4・ファイルが読み込まれる

選択したファイルが、「プロジェクト メディア」ウィンドウに読み込まれます。

❺ファイルが読み込まれる

● 5・タイプ別で確認する

「タイプ別」ビンで「静止画像」を選択すると、写真データだけを確認できます。

❻「静止画像」を選択する
❼写真だけが表示される

Chapter 1 「VEGAS Movie Studio 15」でビデオ編集を行うための準備

「開く」は要注意

メインツールバーにある[開く]ボタンを利用しても、写真を読み込むこともできます。基本的な操作方法は、[メディアの追加...]ボタンでの操作方法と同じです。ただし、読み込んだ写真データは、「プロジェクト メディア」ウィンドウに登録されると当時に、タイムラインにもイベントとして配置されます。この点に注意してください。

● 1・[開く]ボタンをクリックする

メインツールバーにある[開く]ボタンをクリックします。

[開く]ボタンをクリックする

● 2・ファイルを選択する

ファイルが保存されているフォルダーを開き、ファイルを選択して[開く]ボタンをクリックします。

❶フォルダーを開く
❷ファイルを選択する
❸[開く]ボタンをクリックする

● 3・ファイルの読み込みとタイムラインへの自動配置

選択した写真データは、Movie Studioに取り込まれて「プロジェクト メディア」ウィンドウに登録されると同時に、タイムラインにもイベントとして自動的に配置されます。

❹「プロジェクト メディア」ウィンドウに登録される
❺タイムラインにも配置される

Chapter 1 「VEGAS Movie Studio 15」でビデオ編集を行うための準備

ドラッグ&ドロップで追加する

もっと簡単に写真データを取り込む方法に、ドラッグ&ドロップがあります。Movie Studioを縮小表示して、ファイルが保存されているフォルダーから、「プロジェクト メディア」ウィンドウにビデオファイルをドラッグ&ドロップします。

ファイルをドラッグ&ドロップする

スマートフォンのデータを取り込む

　iPhoneやAndroidなどのスマートフォンで撮影した写真データを取り込んでみましょう。Androidの場合は、USBケーブルでパソコンに接続し、写真データが保存されているフォルダーから読み込むことができます。しかし、iPhoneの場合は、写真が保存されているフォルダーを特定するのが難しいということがあります。このような場合は、アプリを利用するとよいでしょう。アプリを利用しないで取り込む場合は、235ページを参照してください。

● PhotoSyncを利用する

　筆者はiPhoneを利用していますが、パソコンに写真データを転送するアプリとして、「PhotoSync」（有料）を利用しています。このアプリは、iPhone用とAndroid用があり、パソコンにもアプリをインストールし、アプリ間でデータの転送を行います。なお、パソコン版は無料です。また、写真のほか、動画もパソコンに転送できます。

http://www.photosync-app.com/

035

Chapter 1 「VEGAS Movie Studio 15」でビデオ編集を行うための準備

アプリのアイコン

iOS版Qコード

Android版Qコード

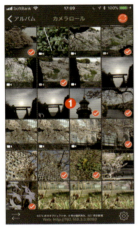

❶PhotoSyncを起動して転送したい写真を選択する

❷転送先を選択する

パソコンに転送される。動画も一緒に転送可能

036

Chapter 1 「VEGAS Movie Studio 15」でビデオ編集を行うための準備

1-6 (PLATINUM) オーディオデータの取り込み

ムービーのBGMなどに利用するオーディオデータの取り込みに関しても、動画データや写真データと操作は同じです。ここでは、パソコンのハードディスクから取り込む方法について解説します。

[メディアの追加...]で「プロジェクト メディア」に読み込む

ここでは、ハードディスク上に保存されているオーディオデータを、[メディアの追加...]ボタンを利用して、「プロジェクト メディア」に取り込む方法について解説します。

◉ 1・[メディアの追加...]ボタンをクリックする

ウィンドウ ドッキングエリアの「プロジェクト メディア」タブをクリックし、表示されたウィンドウで[メディアの追加...]ボタンをクリックします。

[メディアのインポート...]ボタンをクリックする

◉ 2・フォルダーを開く

オーディオデータが保存されているフォルダーを選択して開きます。

❶オーディオデータのフォルダーを選択する
❷[開く]ボタンをクリックする

◉ 3・BGMデータを選択する

BGMデータのファイルが保存されているフォルダーを開いたら、ファイルを選択して[開く]ボタンをクリックします。

❸ファイルを選択する
❹[開く]ボタンをクリックする

Chapter 1 「VEGAS Movie Studio 15」でビデオ編集を行うための準備

複数のファイルを選択する

複数のファイルを選択する場合は、Shiftキーや Ctrlキーを押しながらサムネイルをクリックしてください。複数のファイルを選択できます。

● 4・ファイルが読み込まれる

選択したファイルが、「プロジェクト メディア」ウィンドウに読み込まれます。

ファイルが読み込まれる　　　　　　　　　　　「タイプ別」で確認する

iTunesのデータを利用する

　iTunesに取り込んである音楽データは、iTunesの「ミュージック」楽曲名をドラッグ&ドロップすることで、コピーできます。音楽CDやネットなどからiTunesにデータを取り込んでおきます。取り込んだデータは最初に、ミュージック一覧に曲名が表示されます。この一覧から、曲名をMovie Studioの「プロジェクト メディア」のデータ一覧にドラッグ&ドロップすれば、Movie Studioに取り込めます。

ドラッグ&ドロップする　　　　　　　　　　　取り込まれたデータ

著作権に注意する

市販の音楽CDから楽曲を取り込んだり、あるいはネットから購入した楽曲を利用する場合、著作権に注意してください。取り込んだオーディオデータをムービーのBGMに利用して自分が楽しむのなら問題はありません。しかし、作成したムービーを配布したり、あるいはネット等で公開するなど自分以外の人に聞かせたり公開すると、著作権法違反になります。とくに音楽CDのデータを利用する場合は、十分に注意してください。

Chapter 2

VEGAS
Movie Studio 15
ビデオ編集入門

ビデオデータを編集する

Movie Studioでは、
映像などの素材データのことを「メディア」と呼び、
データを編集するタイムラインに配置した
メディアのことを「イベント」と呼んでいます。
ここでは、
Movie Studioに取り込んだメディアを
タイムラインにイベントとして配置し、
作品のテーマに応じた並べ替え、
そしてトリミングなどを行う
「カット編集」について解説します。
また、「マルチカメラ」による編集方法についても
解説しました。

Chapter 2 ビデオデータを編集する

2-1 タイムラインの構成要素と機能

「VEGAS Movie Studio 15」（以下「Movie Studio」と省略）で実際に編集作業を行うエリアが、「タイムライン」です。このタイムラインにはさまざまな機能が搭載されています。最初に、これらの機能について確認しておきましょう。

タイムラインの名称と機能

Movie Studioのタイムラインは、編集作業を行うメインとなる領域です。ここで、主な名称と機能を確認しておきましょう。

❶「時間表示」ウィンドウ
カーソルがある位置のタイムコードを表示する。

❷マーカーバー
マーカーを設定、移動しながら範囲選択するための領域。

❸タイムルーラー
タイムコードを表示する領域。

❹ビデオトラックコントロール
「トラックヘッダー」と呼ばれる部分に、ビデオクリップに対してトラックモーションやエフェクト、不透明度、コンポジットといったパラメータを調整する機能を備えている。

❺オーディオトラックコントロール
「トラックヘッダー」と呼ばれる部分に、オーディオクリップへのアーム、エフェクトの追加、トラックのミュートやソロの設定、ボリュームなどの調整を行う機能を備えている。

❻トラックリスト
ビデオのトラックヘッダー、オーディオのトラックヘッダーが一覧表示される。

❼トラックエリア
プロジェクトで利用するクリップを配置する領域。トラックに配置したメディア（素材）は、「イベント」と呼ばれる。

❽スクラブコントロール
左右にドラッグすると、カーソル位置から左右にシャトルして、編集ポイントを高速に見つけられる。

❾コントロールボタン
プロジェクトの再生や停止、早送りなどを操作する。

❿編集ツールバー
タイムラインでイベントを編集するためのツールを、ボタンで選択できる。

⓫トラックの高さ制御
トラックの高さを高くしたり低くしたりと調整する。

⓬タイムズーム
トラックの拡大表示／縮小表示を操作する。

040

Chapter 2 ビデオデータを編集する

⑬選択範囲の表示
選択範囲の先頭、終端、デュレーションの各タイムコードを表示する。

⑭カーソル（再生ヘッド）
現在の編集位置を示す。

トラックの種類と機能

　ビデオ、オーディオのそれぞれのトラックは、メディアをトラックのないタイムラインにドラッグ&ドロップすると自動的にトラックが追加されます。さらにトラックが必要な場合は、手動で追加できます。たとえば、ビデオトラックを手動で追加する場合には、次のように操作します。

◉ビデオ系トラック
❶「テキスト」トラック
タイトルなどのテキストメディアを配置するトラック。ビデオメディアも配置できる。
❷「ピクチャ イン ピクチャ」トラック
このトラックにビデオメディアを配置すると、ピクチャ イン ピクチャとして表示される。
❸「ビデオ」トラック
メインのビデオメディアを配置するトラック。

◉オーディオ系トラック
❹「オーディオ」トラック
ビデオメディアの音声データが配置されるトラック。
❺「ミュージック」トラック
BGMなどのオーディオメディアを配置するトラック。

Chapter 2 ビデオデータを編集する

トラックの追加

　ビデオ、オーディオのそれぞれのトラックは、イベントをタイムラインにドラッグ&ドロップすると自動的に設定されます。さらにトラックが必要な場合は、手動で追加できます。たとえば、ビデオトラックを追加する場合には、次のように操作します。

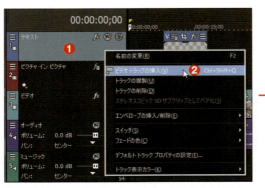 

❶ビデオトラックのトラックヘッダー部分で右クリックする
❷「ビデオトラックの挿入」を選択する

❸ビデオトラックが追加される

◉ イベントをドラッグ&ドロップして追加する

　「プロジェクト メディア」ウィンドウから、素材メディアをトラックのない位置にドラッグ&ドロップすると、トラックが追加されます。

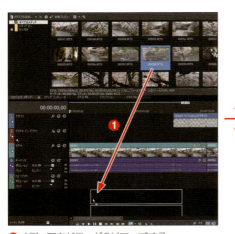 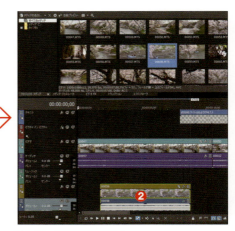

❶メディアをドラッグ&ドロップする

❷トラックが追加される

042

Chapter 2　ビデオデータを編集する

トラックの削除

　不用になったトラックは、自由に削除できます。ただし、削除する際には注意が必要です。たとえば、一般的な映像データは、映像データと音声データがセットになっています。このとき、映像トラックを削除すると、音声部分だけが残ります。

 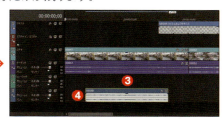

❶削除したいトラックヘッダー部分で右クリックする
❷「トラックの削除」を選択する
❸ビデオトラックが削除される
❹オーディオ部分のトラックが残っている

編集ツールバーについて

　タイムライン下部には、タイムラインの再生／停止などを操作する「トランスポートコントロール」と、編集操作で利用する「タイムラインツールバー」があります。それぞれ、次のような機能を備えています。

● トランスポートコントロール

　トランスポートコントロールには、次のような機能が備えられています。

❶録音アーム
すべてのトラックでの録音を行うための準備をする。「アーム」は「準備」のこと。また、録音の実行、停止も行う。

❷ループ再生
ループ指定したイベントを繰り返し再生する。

❸最初から再生
プロジェクトの最初から再生する。

❹再生
カーソル位置から再生する。

❺一時停止
再生を一時停止する。

❻停止
再生、録音を停止する。

❼最初に移動
カーソルをプロジェクトの先頭に移動する。

❽最後に移動
カーソルをプロジェクトの末尾に移動する。

❾前のフレーム
カーソルを1フレーム前のフレームに移動する。

❿次のフレーム
カーソルを1フレーム次のフレームに移動する。

043

Chapter 2 ビデオデータを編集する

●タイムラインツールバー

「タイムラインツールバー」には、次のような機能が備えられています。

❶編集ツールの切り替え
メニューを表示して、イベントの編集に利用するモードを選択します。

- 標準編集ツール
- シャッフルツール
- スリップツール
- スライドツール
- 時間拡張/圧縮ツール
- 分割トリムツール

❷エンベロープ編集ツール
ボリュームレベルなどを示すレベルのラインを上下したり、エンベロープ上にポイント（キーフレーム）を追加、選択、削除、移動を行う。なお、イベントの移動などはできない。
※エンベロープ：音量などを調整するための機能（→P.210）

❸選択編集ツール
タイムライン上にあるイベントを選択する。

❹ズーム編集ツール
タイムライン上の領域を拡大表示する。

❺削除
選択したイベントやトラックを削除する。

❻トリミング
指定した範囲を削除する。

❼トリミング開始
イベントのカーソル位置より前の部分を削除する。

❽トリミング終了
イベントのカーソル位置より後の部分を削除する。

❾分割
イベントをカーソル位置で分割する。

❿ロック
イベントをロックし、編集できないようにする。

⓫マーカーの挿入
カーソル位置にマーカーを追加する。

⓬リージョンの挿入
選択範囲の両端にリージョンタグを挿入する。

⓭スナップを有効にする
イベントの終端とイベントの先頭をオーバーラップすることなく接続する。

⓮自動クロスフェード
2つのイベントがオーバーラーラップしているとき、自動的にクロスフェードを設定する。

⓯自動リップル
イベントのトリミング、移動、削除を行った際、「ポスト」（イベントとイベントの空き）を生じさせない。この場合、リップルによって影響を受ける範囲を、メニューから選択できる。

- 影響のあるトラック(T)
- 影響のあるトラック、マーカー、およびリージョン(M)
- すべてのトラック、マーカー、およびリージョン(A)

⓰エンベロープをイベントに対してロック
イベントを移動した際、エンベロープポイントも一緒に移動する。

⓱イベントグループを無視
イベントグループを削除することなくグループを無効にする。

Chapter 2　ビデオデータを編集する

 リージョンについて

「リージョン」というのは、タイムラインに設定する、特定の範囲を示すマーカーのことです。(→P.70)

 「リップル」について

複数のイベントを配置したタイムラインで、その中の1つのイベントを削除すると、削除した部分を空けることなく右側のイベントが自動的に詰められます。これをリップル編集と言います。なお、「リップル (ripple)」には「波紋」という意味があり、1のイベントの削除によってできた空き部分を、右から順に詰めることから、このような名前が付いたのでしょう。

 トリミングボタンの有効/無効

「トリミング開始」、「トリミング終了」、「分割」の3つのボタンは、カーソルが左端にあると有効になりません。また、イベントが選択されている場合は、選択されているイベント上にカーソルがないと、有効になりません。

カーソルが左端にあると有効にならない

❶クリップを選択
❷選択したイベント上にカーソルがある
❸ボタンが有効になる

045

Chapter 2　ビデオデータを編集する

2-2　トラックヘッダーの機能と操作

トラックにはビデオとオーディオの2タイプがあり、それぞれのトラックヘッダーにトラックをコントロールするボタンが備えられています。ここでは、トラックヘッダーの機能について解説します。

トラックヘッダーの機能

Movie Studioのタイムラインでは、ビデオ系とオーディオ系のトラックが利用できます。各トラックの先頭にはコントロールを備えたトラックヘッダーあり、さまざまな機能ボタンが搭載されています。

● ビデオコントロール

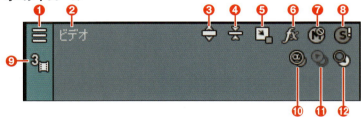

❶「詳細」ボタン
表示ボタンの操作、設定を行うメニューを表示する。

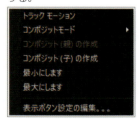

❷トラック名
トラックの名前を設定／変更する。

❸トラックの高さの最大化
トラックの高さを最大化表示する。

❹トラックの高さの最小化
トラックの高さを最小化表示する。

❺トラックモーション
クリップの位置や方向、回転などを設定する。

❻トラックFX
トラックのすべてのビデオイベントに、ビデオ効果(FX)を設定／変更する。

❼ミュート
クリップの表示をオン／オフする。

❽ソロ
このトラックだけを有効にする。

❾トラック番号
トラックの番号を表示。

❿コンポジットモード
他のトラックとの合成方法を選択する。

⓫コンポジット(親)の作成
複数のトラックをグループ化し、コンポジットする方法を決める。

⓬コンポジット(子)の作成
複数のトラックをグループ化し、コンポジットする方法を決める。

046

Chapter 2 ビデオデータを編集する

● オーディオコントロール

❶「詳細」ボタン
表示ボタンの操作、設定を行うメニューを表示する。

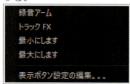

❷トラック名
トラックの名前を設定／変更する。

❸トラックの高の最大化
トラックの高さを最大化表示する。

❹トラックの高さの最小化
トラックの高さを最小化表示する。

❺録音アーム
録音の準備を行う。

❻トラックフェーズの反転
左右の位相を反転させる。

❼トラックFX
トラックのすべてのオーディオイベントに、オーディオ効果（FX）を設定／変更する。

❽ミュート
クリップの再生をオン／オフする。

❾ソロ
このトラックだけを再生する。

❿出力メーター
音量のレベルを表示する。

⓫トラック番号
トラックの番号を表示。

⓬ボリューム
スライダーで音量を調整する。

⓭パン
左右のスピーカーから出る音の定位置のバランスを調整する。

トラック名の設定／変更

　トラック名は、自由に入力／変更できます。たとえば、タイムラインに追加したトラックにはトラック名がありませんので、次のように設定します。

❶「トラック名」をダブルクリックする

❷トラック名を入力する
❸ Enter キーを押す

❹トラック名が設定される

047

ボタンのカスタマイズ

　ビデオ、オーディオの各コントロールに表示するボタンがカスタマイズできるほか、表示させずに実行するメニューもあります。ここでは、ビデオコントロールで操作方法を解説しますが、オーディオコントロールも同じです。

デフォルト状態のビデオコントロール

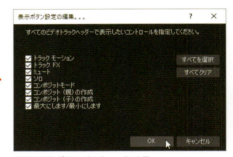

❶「詳細」ボタンをクリックして、表示されていない機能を実行できる
❷「表示ボタン設定の編集...」をクリックする

表示するボタンをチェックする

ボタンが全て表示される

2-3 タイムラインにメディアを配置する

ビデオの編集は、メディアをタイムラインに配置して開始します。このとき、イベントは「ストーリー」を考えながら並べます。」ここでは、イベントをタイムラインに配置する方法について解説します。

タイムラインにイベントをドラッグ&ドロップで配置する

　Movie Studioでは、「プロジェクトメディア」ウィンドウに読み込んだ映像データなどの素材を「メディア」と呼んでいます。そして、メディアをタイムラインのトラックに配置して編集作業を行います。このとき、トラックに配置したクリップを「イベント」と呼んでいます。
　なお、「プロジェクト メディア」ウィンドウからメディアをタイムラインに配置するには、ドラッグ&ドロップによる配置方法と、Enter キーを利用する方法、ダブルクリックで配置する方法などがあります。最初に、最も基本的なドラッグ&ドロップによる配置を操作してみましょう。

● 1・メディアの内容確認する

　メディアをトラックに配置する前に、映像の内容を確認しておきます。「自動プレビュー」を利用して、メディアの内容をプレビューします。

❶「自動プレビュー」をクリックしてオンにする
※オンにすると、ボタンの背景が黒くなります

❷メディアを選択する

❸メディアが再生される

❹確認を終えたら自動プレビューをオフにする

Chapter 2　ビデオデータを編集する

● 2・クリップを選択する

「プロジェクトメディア」ウィンドウで、メディアを選択します。

クリップを選択する

 複数のメディアを選択する

任意のメディアを複数選ぶ場合は Ctrl キーを利用し、連続して選択する場合は Shift キーを押しながら選択します。

● 3・ドラッグ&ドロップする

選択したメディアを、「ビデオ」トラックの左端にドラッグ&ドロップします。

「ビデオ」トラックにドラッグ&ドロップする

● 4・クリップがイベントとして配置される

トラックにイベントが配置されます。なお、Movie Studioでは、トラックに配置されたメディアを「イベント」と呼んでいます。

メディアがイベントとして配置される

Chapter 2 ビデオデータを編集する

● Enter キーで配置する

ドラッグ&ドロップではなく、Enterキーを利用しての配置も可能です。たとえば、「ビデオ」トラックにイベントを配置するには、次のようにします。このとき、イベントを配置したいトラックを選択しておきます。

 →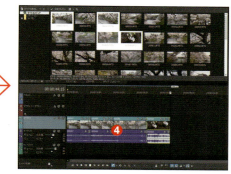

❶ビデオトラックを選択する　　　　　　　　　❹メディアがイベントとして配置される
❷メディアを選択する
❸ Enter キーを押す

● ダブルクリックで配置する

「プロジェクトメディア」でメディアをダブルクリックすると、トラックに配置されている最後のイベントの後に追加されます。なお、別のトラックを選択してから配置してみましょう。

 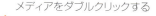

❶トラックを選択する　　　　　　　　　　　　メディアをダブルクリックする
❷イベントの最後を確認する

イベントが配置される

051

Chapter 2 ビデオデータを編集する

POINT カーソルがイベントの上にある場合

カーソルがタイムラインの他のイベントの上にある状態で、プロジェクトメディアでメディアをダブルクリックすると、ダブルクリックしたメディアは、カーソルの位置に関係なく、トラックの最後のクリップの後に追加されます。

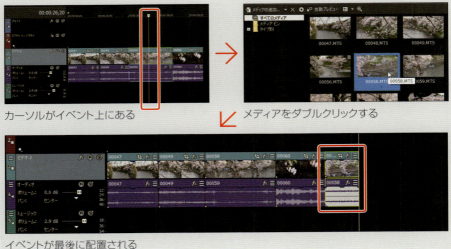

カーソルがイベント上にある　　メディアをダブルクリックする

イベントが最後に配置される

クリップとクリップの間に配置する

すでにトラック上にイベントが配置されていて、配置されているイベントとイベントの間にメディアを配置する場合は、「自動リップル」機能をオンにして配置してください。「自動リップル」を利用しないと、上書き状態で配置されてしまいます。

● 1・イベントの配置を確認

画面では、トラックに2つのイベントが配置されています。このイベントとイベントの間に、メディアをドラッグ&ドロップで配置します。

2つのイベントが配置されている

Chapter 2 ビデオデータを編集する

● 2・「自動リップル」をオンにする

編集ツールバーにある[自動リップル]ボタンをクリックして、オンにします。自動リップルがオンになると、ボタンの背景が黒くなります。

[自動リップル]ボタンをオンにする

● 3・イベントとイベントの間にドラッグ&ドロップする

イベントとイベントの間に別のメディアを挿入したい場合は、イベントとイベントの間にメディアをドラッグ&ドロップします。なお、イベントとイベントの間にドラッグした際、薄青いラインが表示されます。

イベントとイベントの間にドラッグ&ドロップする　　青いラインが表示される

● 4・イベントが配置される

ドラッグ&ドロップしたメディアが、クリップとクリップの間に表示されます。

挿入したイベント

Chapter 2 ビデオデータを編集する

POINT　イベント上にドラッグ&ドロップした場合

メディアをドラッグ&ドロップするとき、イベントとイベントの接合点ではなく、イベント上にドラッグ&ドロップすると、前のイベントとはオーバーラップ状態、次のイベントとの間には「ポスト」と呼ばれる空きが発生します。ポストの削除方法については、65ページを参照してください。

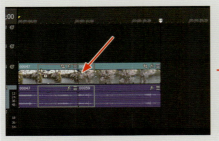
イベント上にドラッグ&ドロップする

❶前のイベントとはオーバーラップ状態
❷次のイベントとの間には「ポスト」が発生

POINT　「自動リップル」がオフの場合

「自動リップル」機能がオフの状態でドラッグ&ドロップすると、ドラッグ&ドロップしたメディアは、上書き状態で配置されます。このとき、前のイベントには上書き、後のイベントには上書きされる状態で配置されます。

イベント上にドラッグ&ドロップする

前のイベントには上書き、後のイベントには
上書きされる状態で配置される

Chapter 2 ビデオデータを編集する

2-4 トラックのズーム操作と高さ調整

イベントを配置したタイムラインは、作業しやすい状態に調整できます。ここでは、タイムラインのズーム操作、そしてトラックの高さを調整する方法について解説いたします。

トラックのズーム調整

　タイムラインをズームインすると、トラックに配置したイベントのデュレーション（表示時間）が長くなり、結果、イベントの表示サイズが長くなります。操作は、スライダーの右端、左端どちらでも可能です。

● タイムラインをズームインする

　タイムラインをズームインすると、トラックに配置したイベントのデュレーション（表示時間）が長くなり、結果、イベントの表示サイズが長くなります。スライダーの右端、左端、どちらでも操作できます。

調整前:スライダーの右端(左端)にマウスを合わせる

❶スライダーの右端(左端)をドラッグする
❷タイムラインがズームインする

055

Chapter 2 ビデオデータを編集する

◉ タイムラインをズームアウトする

　タイムラインをズームアウトすると、トラックに配置したイベントのデュレーション（表示時間）が短くなり、結果、イベントの表示サイズが短くなります。

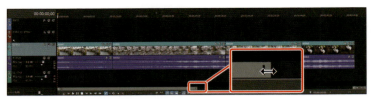

調整前:スライダーの右端（左端）にマウスを合わせる

❶ スライダーの右端(左端)をドラッグする
❷ タイムラインがズームアウトする

◉ ズームボタンで調整する

　タイムラインの右下にはズームボタンが備えられています。このボタンをクリックしても、タイムラインのズームイン、ズームアウトが調整できます。

❶ ［タイムをズームイン］ボタン
❷ ［タイムをズームアウト］ボタン

> **TIPS　ボタンとボタンの間のエリアで調整**
>
> ［＋］ボタンと［－］ボタンの間にあるわずかなエリアをドラッグしても、タイムラインのズーム調整ができます。このとき、「時間のズーム」と表示されます。
>
>
>
> ボタンとボタンの間をドラッグする

Chapter 2 ビデオデータを編集する

TIPS 矢印キーで調整する

このほか、矢印キーの ↑ ↓ キーを押して徐々にズーム調整したり、Ctrl キーを押しながら ↑ ↓ キーを押してのズーム調整も可能です。

TIPS ズームツールで調整する

編集ツールバーと、ズームボタンの右端に、虫めがね型のマークのボタンがあります。これは「ズーム編集ツール」、「ズームツール」で、トラック内をドラッグしてズーム操作ができるようになります。

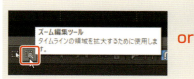 or  →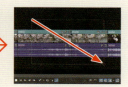

[ズーム編集ツール]ボタンを　　　または[ズームツール]　　　ズームしたい範囲をド
クリックする　　　　　　　　　　ボタンをクリックする　　　　ラッグする

指定した範囲がズームイン表示される

トラックの高さ調整

　トラックの高さ調整は、タイムラインの右端にある高さ調整ボタンで行います。タイムラインの右端には、高さを調整するズームボタンが備えられています。このボタンをクリックしてタイムラインのズームイン、ズームアウトが調整できます。なお、スライダーによる高さ調整はできません。
　ただし、トラックの本数によっては、ボタンが表示されません。その場合は、トラックヘッダーのボタンで操作します (→ P.46)。

❶ [トラックの高さをズームイン]ボタン
❷ [トラックの高さをズームアウト]ボタン

057

Chapter 2 ビデオデータを編集する

[トラックの高さをズームイン]ボタンを続けてクリックする

タイムラインがズームインする

TIPS ボタンとボタンの間のエリアで調整

[＋]ボタンと[－]ボタンの間にあるわずかなエリアをドラッグしても、タイムラインのズーム調整ができます。

ボタンとボタンの間をドラッグする

TIPS [ズームツール]ボタンで調整する

タイムラインの右下にある虫めがねのボタン、[ズームツール]ボタンをダブルクリックすると、タイムラインの表示サイズが調整され、可能な限り、多くのイベントが表示できるように横方向、高さ方向の倍率が変更されます。

❶このボタンをダブルクリックする　　❷タイムラインの倍率が調整される

058

Chapter 2 ビデオデータを編集する

TIPS [ズーム編集ツール]ボタンで調整する

[ズーム編集ツール]ボタンを利用すると、ズームイン、ズームアウトの操作ができます。

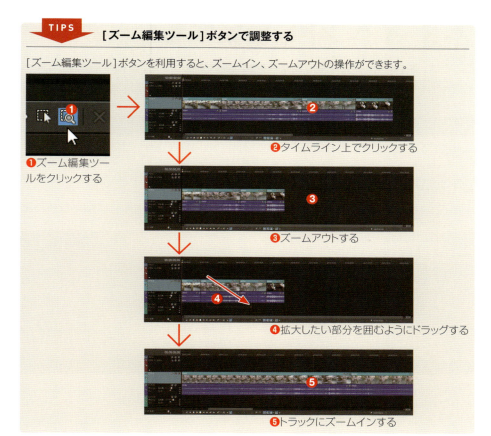

❶ズーム編集ツールをクリックする
❷タイムライン上でクリックする
❸ズームアウトする
❹拡大したい部分を囲むようにドラッグする
❺トラックにズームインする

TIPS 詳細メニューのコマンドを利用する

トラックコントロールの詳細メニューにある「最小にします」「最大にします」を利用すると、トラックの高さを、最小化、最大化できます。なお、コマンドは「表示ボタンの設定...」でトラックコントローラーにボタンとして表示させることも可能です。

[詳細]ボタンをクリック

ボタンとして表示

059

2-5 イベントを編集する

ここでは、タイムラインに配置したイベントの選択や並べ替え、移動や削除など、イベントに対する基本的な操作方法について解説します。

イベントを選択する

タイムラインに配置したイベントは、次のようにして選択します。

◉ 1つのイベントを選択する

タイムラインに配置した複数のイベントから、1つのイベントを選択してみましょう。

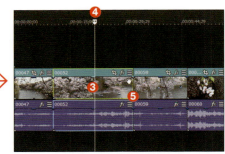

❶編集ツールバーにある「編集ツール」の[▼]をクリックする
❷「標準編集ツール」を選択する
❸イベントをクリックする
❹選択されて黄色い枠が表示される
❺クリックした位置にカーソルが表示される

◉ 連続したイベントを選択する

複数のイベントを、連続して選択してみましょう。Shift キーを押しながら次のように操作します。

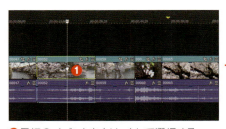

❶最初のイベントをクリックして選択する
❷Shift キーを押しながら最後のイベントをクリックする
❸間にあるイベントも選択される

Chapter 2　ビデオデータを編集する

◉ 隣接しない複数のイベントを選択する

任意のイベントを複数選択するには、[Ctrl]キーを押しながらイベントを選択します。

[Ctrl]キーを押しながらイベントを選択する（❶→❷→❸）

◉ すべてのイベントを選択する

タイムラインに配置したすべてのイベントを選択するには、メニューバーから「編集」→「選択」→「すべて選択」を選択します。この場合、トラックヘッダーの各コントロールも選択されます。

「すべて選択」を選ぶ

すべてのイベントとトラックヘッダーが選択される

TIPS　ショートカットキーを利用する

ショートカットキーの[Ctrl]+[A]キーを押すと、同じようにタイムライン上のすべてのイベントを選択できます。

イベントの順番を並べ替える

編集しているプロジェクトは、ムービーとして出力するとタイムラインの左から右へと順番にイベントが再生される状態で出力されます。そのため、タイムラインに配置したイベントは、ストーリーなどに応じてドラッグ&ドロップで任意の場所に移動して、イベントの順番を入れ替えることができます。

●「イベントのシャッフル」で入れ替える

　たとえば、下の画面のようにトラックに配置したイベントの中から、左右のイベントを入れ替える場合、「イベントのシャッフル」を利用します。このとき、右ドラッグ&ドロップ（右ボタンを押しながらドラッグ&ドロップ）してください。「シャッフル」というのは、「混ぜる」というより、「挿入」という意味に近いですね。

❶イベントを隣のイベント上に右ドラッグ&ドロップする

❷「イベントのシャッフル」を選択する

❸イベントが入れ替わる

TIPS　シャッフルの位置は自由

ここでは、隣どうしのイベントをシャッフルしましたが、隣どうしでなくてもかまいません。離れた位置にイベントを移動したい場合は、このシャッフルで移動できます。このとき、「自動リップル」がオンになっていなくても、シャッフルでできた元の空きは詰められます。

❶2番目のイベントをシャッフル　　　　　　　　　　　❷この位置にシャッフルで移動

Chapter 2 ビデオデータを編集する

◉ ドラッグ&ドロップや「ここに移動」の場合

イベントをドラッグで移動したり、あるいは右ドラッグ&ドロップしたときのメニューで「ここに移動」を選択すると、クリップは上書きモードで配置されます。

ドラッグ&ドロップの場合

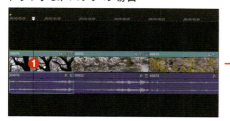
❶イベントを選択

❷ドラッグ&ドロップした場合

「ここに移動」を選んだ場合

❶右ドラッグ&ドロップする
❷「ここに移動」を選択する

❸上書きされる

TIPS 「上書き」のポイント

Movie Studioでの「上書き」は、正しくは「上に載せている」といえます。一般的に上書きというと、下になったデータは消えてしまいますが、Movie Studioでの上書きは、下になったデータは消えず、「上に載せている」という状態なのです。したがって、イベントの上に別のイベントを配置して上書きした場合、上書きしたクリップを移動すると、下になったイベントは元に戻ります。

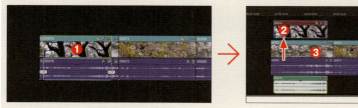

❶上書きしたイベント
❷上書きしたイベントを移動する
❸下になっていたイベントには影響がない

063

Chapter 2 ビデオデータを編集する

不要なイベントを削除する

　タイムラインに配置したイベントのうち、不用になったイベントは、選択して削除します。この場合、イベントを削除した後に残る「ポスト」という空白部分の処理に注意してください。

❶不用なイベントを選択する　　　　　　　　❸イベントが削除され、「ポスト」が残る
❷[削除]ボタンをクリックする

> **POINT** キーボードで操作する

キーボードの Delete キーを押してもイベントを削除できます。

> **TIPS** 右クリックメニューから選択する

削除したいイベント上で右クリックし（❶）、「削除」を選択（❷）しても削除できます。

◉ **ポストを発生させずにイベントを削除する**

　イベントの削除で発生した「ポスト」は、ビデオ編集では「ギャップ」とも呼ばれますが、再生すると黒い状態で表示されてしまいます。したがって、このポストが発生しないように編集を行う必要があります。

Chapter 2 ビデオデータを編集する

そこで、ポストを発生しないように削除などの作業を行うための機能が、「自動リップル」です。この機能をオンにしておくと、イベントを削除してもポストが発生しません。

❶[自動リップル]ボタンをクリックしてオンにする

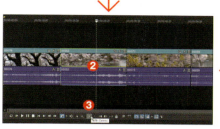

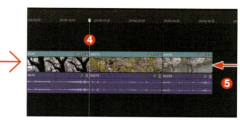

❷イベントを選択する
❸[削除]ボタンをクリックする

❹イベントが削除される
❺ポストが自動的に詰められて発生しない

● すでにあるポストを削除する

すでにポストが発生している場合は、このポストを削除する必要があります。

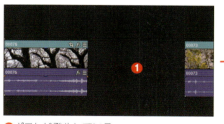

❶ポストが発生している

❷ポスト上でダブルクリックすると範囲が選択される

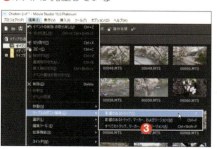

❸「編集」→「リップルのポスト編集」→「影響のあるトラック」を選択する

❹ポストが削除される

065

Chapter 2 ビデオデータを編集する

> **TIPS** 編集操作の「取り消し」と「やり直し」
>
> Movie Studioでの編集操作を取り消したいときには、ツールバーの[取り消し]ボタンをクリックするか、メニューバーから「編集」→「○○の取り消し」を選択してください。操作を取り消して処理前の状態に戻すことができます。なお、○○には、直前に行った操作名が表示されます。また、取り消した操作をやり直したい場合は、ツールバーの[やり直し]ボタンをクリックするか、「編集」→「○○のやり直し」を選択してください。
> なお、ショートカットキーを利用すると、スピーディに取り消し、やり直し操作ができます。

【ショートカットキー】❶取り消し:[Ctrl]+[Z]キー
　　　　　　　　　　❷やり直し:[Ctrl]+[Y]キー、[Ctrl]+[Shift]+[Z]キー

時間範囲を指定して削除する

タイムラインで特定の範囲を選択し、選択した範囲を削除することができます。この場合、指定する範囲は、複数のイベントにまたがっても構いません。

❶マーカーバーの空白部分をドラッグして範囲を指定する

❷[自動リップル]をオンにする
❸[削除]ボタンをクリックする

ポストを発生せずに、指定した範囲が削除される

Chapter 2　ビデオデータを編集する

イベントを分割する

　イベントは、任意の場所で2つに分割することができます。分割は、次のように操作します。

❶カーソルを分割位置に合わせる
❷分割したい位置をプレビューウィンドウで確認する
❸[分割]ボタンをクリックする

イベントが分割される

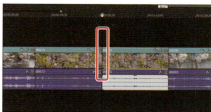

分割前　　　　　　　　　　　　　　　　　　分割後

空のイベントを挿入する

　タイムラインには、「空のイベント」を配置することができます。空のイベントというのは、映像や音声のないイベントのことをいいます。空のイベントを作成すると、「テイクとして追加」の操作によって、後からメディアをイベントとして追加できます。なお、空のイベントは、デフォルトのデュレーションのほか、範囲を指定して追加もできます。

◉ デフォルトの空のイベントを追加する

　空のイベントは、デフォルトでは5秒のデュレーションが設定されています。これを追加してみましょう。

Chapter 2 ビデオデータを編集する

❶追加したいトラックヘッダーを選択する
❷追加したい位置にカーソルを合わせる
❸タイムライン上で右クリックする
❹「空のイベントの挿入」を選択する

❺5秒の空のイベントが追加される

> **TIPS** メニューバーからコマンド選択する
>
> メニューバーから「挿入」→「空のイベント」を選択しても、空のイベントを追加できます。

● 範囲を指定して空のイベントを追加する

　任意の範囲を指定し、その範囲に合わせて空のイベントを追加する方法を解説します。この場合、5秒の空のイベントではなく、自由なデュレーションで設定できます。

❶追加したいトラックヘッダーを選択する
❷マーカーバーをクリックする
❸ドラッグして範囲を設定する
❹トラック内で右クリックする
❺「空のイベントを挿入」を選択する

❻何もないところでクリックする
❼指定した範囲に空のイベントが追加される

068

Chapter 2 ビデオデータを編集する

空のイベントにイベントを追加する

　空のイベントには、プロジェクトメディアからイベントを右ドラッグし、ボタンを離すと表示されるメニューから「テイクとして追加」を選択すると、空のイベントに実際のイベントが追加されます。この場合、デュレーションは空のイベントに合わせてトリミングされます。

右ドラッグする

「テイクとして追加」を選択する

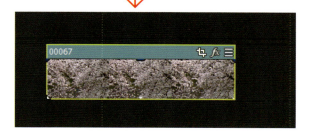

POINT　テイクイベントが短い

テイクとして追加するイベントが空のイベントよりも短い場合、イベントは繰り返しながら長いデュレーションに合わせられます。

Chapter 2 ビデオデータを編集する

2-6 マーカー、リージョンを利用する

Movie Studioには、「マーカー」、「リージョン」と呼ばれる、タイムラインにマーキングする機能があります。いわば、タイムラインにメモの「付せん」を設定するの機能なのですが、ここでは、このマーカーやリージョンの使い方について解説します。

リージョンを設定する

Movie Studioの便利な機能の1つに、「マーカー」と「リージョン」という機能があります。どちらもタイムラインに目印として参照ポイントを設定するマーキングツールですが、この機能を利用すると、イベントなどの名称をタイムラインに表示して、効率よく編集作業が行えるようになります。ここでは、リージョンについての利用方法を解説します。

リージョンで表示したイベント名

◉ 1・範囲を選択する

トラック上でイベントをダブルクリックすると、タイムラインのマーカーが移動して選択したベントの範囲が選択状態になります。

❶イベントをダブルクリックする
❷イベントが範囲指定される

◉ 2・「リージョン」を挿入する

マーカーバーを右クリックして表示されたメニューから「リージョンの挿入」を選択するか、タイムラインの下にある[リージョンの挿入]ボタンをクリックします。

❶[リージョンの挿入]をクリックする

> **POINT　メニューバーから設定する**
>
> メニューバーから「挿入」→「リージョン」を選択してもかまいません。

070

Chapter 2 ビデオデータを編集する

◉ 3・名前を入力する

選択範囲の先頭に番号の付いた緑色のリージョンタグが追加され、テキストの入力状態で表示されます。ここで、名前を入力して[Enter]キーを押します。これで、リージョンが設定されます。

リージョンタグが表示される

名前を入力する

[Enter]キーを押して確定する

TIPS　マーカーの設定

リージョンとよく似た機能で、「マーカー」があります。リージョンが選択した範囲の両端にタグが設定され、イベントごとの範囲にコメントを設定できるのに対し、マーカーは、プロジェクト内でのどこの位置にでも、特定の位置を示すマーカーとして設定できます。

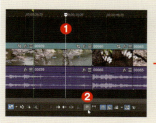

❶再生ヘッドをマーカを設定したい位置に合わせる
❷[マーカーの挿入]ボタンをクリックする

マーカー名を入力する

[Enter]キーを押してマーカーを確定する

Chapter 2 ビデオデータを編集する

◉ リージョンの移動

リージョンタグは、イベントの先頭と終端に設定されますが、どちらのタグも、別のイベントの先頭や終端に、ドラッグで移動できます。

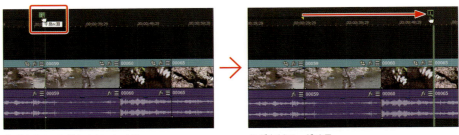

移動したいタグをクリックする　　　　　　　タグをドラッグする

◉ リージョンを削除する

リージョンが不要になった場合は、リージョンの番号部分を右クリックし、表示されたメニューから「削除」を選択してリージョンを削除します。

❶リージョンの番号を右クリックする　　　　リージョンが削除される
❷「削除」を選択する

TIPS　すべてのマーカー、リージョンを削除する

マーカーバーに設定したマーカーやリージョンをすべて削除する場合は、マーカーバー上で右クリックし、表示されたメニューから「マーカー/リージョン」→「すべて削除」を選択してください。設定したマーカーやリージョンがすべて削除されます。

Chapter 2 ビデオデータを編集する

2-7 イベントをトリミングする

イベントの長さを調整したり、イベントから必要な映像部分だけをピックアップすることを「トリミング」といいます。ここでは、ビデオメディアのトリミング方法について解説します。

トリミングについて

　イベントの再生時間のデュレーション（再生時間の長さ）を調整する編集作業を、「トリミング」、あるいは、単に「トリム」と呼んでいます。トリミングでは、イベントのデュレーション調整だけでなく、イベントの中から必要な映像部分だけを残す作業も同時に行えるのが特徴です。

　また、トリミングによって短くしたデュレーションは、いつでも元の状態に戻すことができます。

トリミングによる変更前の状態

トリミングで再生時間を短くした状態

短くした再生時間を元に戻す

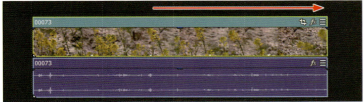

073

始点、終点のドラッグでトリミングする

　イベントのトリミング操作は、タイムライン上で行います。操作の基本は、ドラッグです。タイムラインに配置したイベントの先頭や終点をドラッグして、再生時間を調整します。

◉ 始点をドラッグする

　トリミングは、マウスによる操作が基本です。この場合、イベントの先端（始点）や終端（終点）をドラッグしてトリミングを行います。なお、タイムラインには、ドラッグによってどれくらいの時間が短くなったかが、タイムコードで表示されています。

「標準編集ツール」を選択する

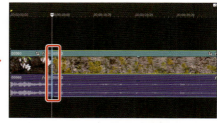
イベントの先端（始点）にマウスを合わせる

※ヘルプで「イベントの始点をトリム」と表示される

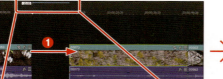

イベントがトリミングされる

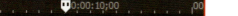

❶始点を右にドラッグする
❷調整した時間が表示されている

Chapter 2 ビデオデータを編集する

> **TIPS** ポストを発生させない
>
> トラックに複数のイベントを配置している場合、トリミングする位置によっては、ポストが発生してしまいます。ポストは65ページの解説にあるように削除する必要がありますが、最初からポストが発生しないように、「自動リップル」をオンにしておくことをおすすめします。
>
>
> 「自動リップル」をオンにする

● 終点をドラッグする

始点と同様に、終点もドラッグでトリミングできます。

終点のハンドルにマウスを合わせる
※ヘルプで「イベントの終点をトリム」と表示される

❶マウスを左にドラッグする
❷トリミングされる

> **TIPS** 元に戻すときのマーク
>
> トリミングしたイベントを元に戻したい場合、始点や終点をドラッグすると。黒いマーカーが表示されます。これがトリミング前の始点や終点の位置です。これを目安に調整してください。

トリミングボタンを利用する

タイムラインの編集ツールバーには、トリミング用のボタンが用意されています。ここでは、それらのボタンの使い方を解説します。

❶[トリミング]ボタン
❷[トリムの開始]ボタン
❸[トリムの終了]ボタン
❹[分割]ボタン

| Chapter 2 | ビデオデータを編集する |

◉ [トリミング] ボタン：範囲を指定してトリミングする

[トリミング] ボタンを利用すると、開始点、終了点を事前に指定して必要な範囲を指定し、トリミングすることができます。

❶ トリミングしたいイベントを選択する
❷ マーカーバーをドラッグして、必要な範囲を指定する
❸ [トリミング]ボタンをクリックする

❹ 指定した範囲だけが残る
❺ 指定範囲より前の部分が削除される
❻ 指定範囲より後の部分が削除される

> **TIPS** ポストを発生させない
>
> この方法でトリミングすると、ポストが発生します。ポストが発生しないようにするには、「自動リップル」をオンにしてから操作を実行してください。

> **POINT** イベントの選択を忘れないように
>
> トリミングしたいイベントを選択しないで実行すると、他のイベントもすべて削除されてしまいます。この点に注意してください。
>
>
>
> トリミング実行前　　　　　　　　　　　　トリミング実行後

Chapter 2 ビデオデータを編集する

◉ [トリムの開始] ボタン：カーソルより前を削除

[トリムの開始] ボタンを利用すると、イベントにカーソルを配置した位置より前の部分が削除されます。

❶ カーソルを配置する
❷ プレビューウィンドウで位置を確認する

❸ [トリムの開始] ボタンをクリックする

カーソル位置より前の部分が削除される

 ポストを発生させない

この方法でトリミングすると、ポストが発生します。ポストが発生しないようにするには、「自動リップル」をオンにしてから操作を実行してください。

◉ [トリムの終了] ボタン：カーソルより後を削除

[トリムの終了] ボタンを利用すると、イベントにカーソルを配置した位置より後の部分が削除されます。

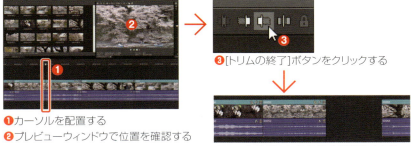

❶ カーソルを配置する
❷ プレビューウィンドウで位置を確認する

❸ [トリムの終了] ボタンをクリックする

カーソル位置より前の部分が削除される

TIPS **ポストを発生させない**

この方法でトリミングすると、ポストが発生します。ポストが発生しないようにするには、「自動リップル」をオンにしてから操作を実行してください。

Chapter 2 ビデオデータを編集する

イベントをスリップさせる

「スリップ」編集は、トリミングを行ったイベントに対して利用する機能です。タイムラインでのイベントを配置した位置やイベントの長さ（デュレーション）は変更されませんが、映像だけがドラッグした方向にスリップします。スリップの操作中は、イベントの始点と終点の映像がプレビューウィンドウに表示されます。

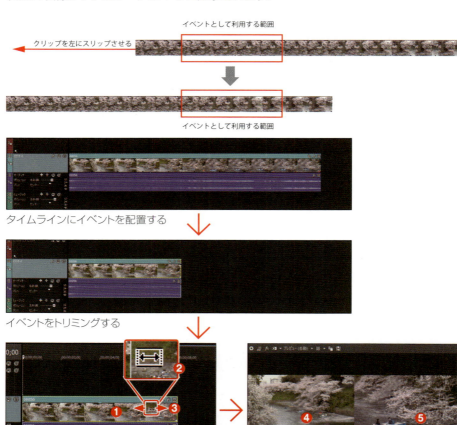

❶ 選択したイベント内にマウスを合わせ、[Alt] キーを押す
❷ マウスの形が変わる
❸ マウスを左右にドラッグして、イベントの映像をスリップさせる

イベントの始点（❹）、終点映像（❺）が表示される

078

Chapter 2 ビデオデータを編集する

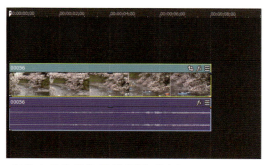

イベントの位置や長さは変わらない

その他のトリミングツール

　本書では、誌面の都合で解説できませんが、先に解説した「スリップ」ツールのほか、「スライド」ツール、「時間拡張／圧縮」ツール、「分割」トリムツールなどがあります。これらのツールは、[編集ツールの切り替え] ボタン右にある [▼] ボタンをクリックして表示されるメニューから選択できます。

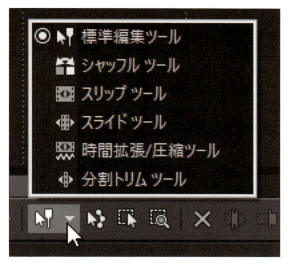

Chapter 2 ビデオデータを編集する

2-8 トリマーウィンドウでトリミングする

Movie Studioの詳細モードでは、「トリマー」ウィンドウという、トリミング専用の機能が利用できます。これを利用すると、イベントをタイムラインに配置する前に、プロジェクトメディア内でトリミングできます。

「トリマー」ウィンドウでイベントを編集する

　Movie Studioには、トリミング専用の「トリマー」と呼ばれるトリミングツールが搭載されています。このツールを利用したトリミングでも、イベントの開始点、終了点からのトリミングが可能です。なお、トリマーの利用シーンとしては、「プロジェクトメディア」でメディアを選択してトリマーでトリミングし、そのトリミング結果をタイムラインにイベントとして配置する方法と、タイムラインに配置したイベントをさらにトリマーでトリミングし、新たなイベントとして配置するという方法があります。どちらを利用するかは、利用目的に応じて選択してください。

```
トリマーを使ったトリミングの手順

┌─────────────────────────────────────┐
│「プロジェクトメディア」ウィンドウでクリップを選択する│
└─────────────────────────────────────┘
                  ▼
┌─────────────────────────────────────┐
│    「トリマー」ウィンドウでトリミングする          │
└─────────────────────────────────────┘
                  ▼
┌─────────────────────────────────────┐
│         タイムラインに配置する                │
└─────────────────────────────────────┘
```

「トリマー」について

トリマーには、次のようなボタンが搭載されています。

❶始点を示す「ループリージョン」
❷終点を示す「ループリージョン」
❸選択した範囲
❹再生
❺一時停止
❻停止
❼タイムラインのカーソルの後に追加
❽合わせる
❾その他のボタン

Chapter 2 ビデオデータを編集する

「トリマー」でトリミングする

◉ 「プロジェクトメディア」のメディアに使用する

　ここでは、プロジェクトメディアでクリップを選択し、トリマーでトリミングした結果をタイムラインにイベントとして配置する、最も一般的な使い方について解説します。

◉ 1・「トリマー」ウィンドウで表示する

　「プロジェクトメディア」ウィンドウで、トリミングしたいクリップを右クリックし、メニューから「トリマーで開く」を選択してください。クリップが「トリマー」ウィンドウに取り込まれます。「トリマー」ウィンドウを閉じていた場合でも、この操作で「トリマー」ウィンドウが表示されます。

❶トリミングしたいメディアを選んで右クリックする
❷「トリマーで開く」を選択する

◉ 2・メディアを再生する

　「トリマー」ウィンドウで[再生]ボタンをクリックすると映像が再生されるので、利用したい範囲を確認します。なお、再生を一時停止すると、その位置にラインが表示されます。

❸[再生]ボタンで映像の再生を開始する
❹[一時停止]ボタンをクリックする
❺ラインが表示される

Chapter 2 ビデオデータを編集する

● 3・必要範囲を設定する

必要な映像の開始点を見つけて一時停止したら、そこを「始点」として設定します。

❽ホバースクラブで範囲を決める
❾黄色い「ループリージョン」が表示される

TIPS キーボードから設定する

開始点は、キーボードの [I] キーか [O] キーを押して設定することもできます。

POINT 「ループリージョン」について

「ループリージョン」というのは、指定した範囲を繰り返し再生する場合、その範囲を指定するための機能で、2つの黄色い三角形のスライダーで表示されます。左が「インポイント」、右が「アウトポイント」を示し、このポイントに挟まれた部分が指定した範囲になり、濃い青色で表示されます。
なお、指定した範囲はループ再生だけでなく、ここで利用したようにトリミングの結果や、あるいは指定した範囲を保存するといった利用が可能です。

Chapter 2 ビデオデータを編集する

タイムラインに配置する

「トリマー」で選択した必要な範囲範囲を、タイムラインに配置します。配置方法には複数あるので、それぞれを見てみましょう。

● カーソルの後に追加する

タイムラインのカーソル位置より後にイベントを配置してみましょう。ビデオ編集には、「3ポイント編集」という編集方法がありますが、この方法も3ポイント編集の1つです。

❶イベントを配置するトラックを選択する
❷カーソルを配置する

[タイムラインのカーソルの後に追加]ボタンをクリックする

メディアがイベントとして配置される

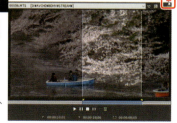

[閉じる]ボタンをクリックして、トリマーを閉じる

 3ポイント編集

これは、必要な映像を「始点」と「終点」で指定し、その範囲をタイムラインの指定した位置（始点や終点）に配置するという、3つの点を指定して配置することから、「3ポイント編集」といいます。

ドラッグ&ドロップで配置

「トリマー」ウィンドウで指定した範囲のブルーの部分を、イベントをトラックにドラッグ&ドロップして配置することもできます。

Chapter 2 ビデオデータを編集する

◉ 空きスペースに挿入する

クリップとクリップの間があいている領域に、選択した範囲を配置します。この場合、選択した範囲が空いている範囲より短い、あるいは長い場合は、空いている範囲に合うようにストレッチ、あるいは圧縮して配置します。これは、198ページの「テイクとして追加」と同じです。

❶ トラックを選択する
❷ 空き部分をダブルクリックする

❸ [合わせる]ボタンをクリックする

❹ 配置される

Chapter 2 ビデオデータを編集する

POINT サブクリップとして利用する

「その他のボタン」にある[サブクリップの作成...]ボタンを利用すると、選択した範囲を別のメディアとしてプロジェクトメディアに登録できます。

[その他のボタン]をクリックする

[サブクリップの作成...]を選択する

❶ クリップ名を入力する
❷ [OK]ボタンをクリックする

サブクリップとして登録される

085

トラックに配置したイベントをトリマーで表示する

　トラックに配置したイベントをトリマーでトリミングする場合は、対象のイベントをトリミングするというより、対象イベントの一部を、別の位置に配置して利用するというのが使い勝手が良いようです。

❶イベントを右クリックする
❷「トリマーで開く」を選択する

❸利用したい範囲を選択する

❹イベントを配置したい位置にカーソルを合わせる

❺[カーソルの後に追加]ボタンをクリックする

イベントが配置される

Chapter 2 ビデオデータを編集する

2-9 4K映像の取り込みと編集

ここでは、最近注目されている、4Kの映像データの編集について解説します。ワークフロー形式で解説し、作業の流れをわかりやすくしています。

4K、8Kについて

現在注目されている解像度が、「4K」（ヨンケイ）や「8K」（ハチケイ）と呼ばれている解像度です。現在の主流はフルハイビジョン形式で、解像度は「1920×1080」です。これに対して、4Kは「3840×2106」、そして8Kは「7680×4320」の解像度です。ちなみに、「K」は「キ

ロ」のことで、「1000」を意味しています。そのため、4Kは横幅が約4000あるので、4K、8Kは約8000あるので8Kと呼んでいます。なお、フルハイビジョンは横幅が約2000なので「2K」や「2K1K」などと呼びます。

Movie Studioでの4K映像編集を行う

ここでは、Movie Studioで4Kの映像を編集するためのポイント解説します。Movie Studioには、4K映像編集を行うためのテンプレートがありません。したがって、テンプレートをユーザーが作成して編集を行います。テンプレートを作成すると行っても難しいことはありません。20ページで解説した「メディアの設定と一致させる」を利用します。

● 1・新規プロジェクトの設定

「新規プロジェクト」ウィンドウを表示します。なお、4K用のテンプレートは搭載されていませんので、「メディアの設定と一致」を選択します。

「新規」を選択する

❶「メディアの設定と一致させる」を選択する
❷[参照]をクリックする

087

> Chapter 2　ビデオデータを編集する

● 2・4Kのメディアを選択する

　これから利用する4Kのメディアファイルを1つ選択し、[開く]ボタンをクリックします。

❸メディアファイルを選択する
❹4Kファイルであることを確認する
❺[開く]ボタンをクリックする

● 3・プロジェクト名と保存先を指定する

　「名前」にプロジェクト名を入力し、プロジェクトファイルの保存先を指定します。なお、保存先は[参照]ボタンをクリックして保存先フォルダーを選択します。

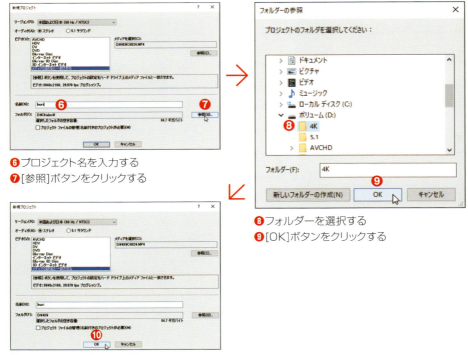

❻プロジェクト名を入力する
❼[参照]ボタンをクリックする

❽フォルダーを選択する
❾[OK]ボタンをクリックする

❿[OK]ボタンをクリックする

088

Chapter 2 ビデオデータを編集する

◉ 4・4Kデータを読み込む

「プロジェクト メディア」ウィンドウで「メディアの追加...」を選択し、4Kの映像データをMovie Studioに読み込みます。

⓫「メディアの追加...」を選択する

⓬ファイルを選択する
⓭[開く]ボタンをクリックする

「プロジェクト メディア」ウィンドウに登録される

◉ 5・メディアを配置する

読み込んだメディアを、タイムラインに配置します。ドラッグ&ドロップで配置したり、ダブルクリックで配置するなど、配置方法はハイビジョンの場合と同じです(→P.49)。

⓮ドラッグ&ドロップする

089

Chapter 2　ビデオデータを編集する

● 6・編集作業を行う

タイムラインに配置したイベントは、フルハイビジョン映像など通常のイベントと同様に、トリミングなどの編集を行います。

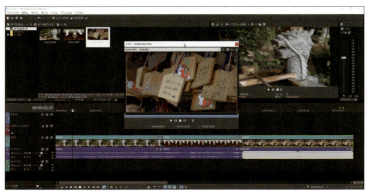

⓯編集を行う

プロキシファイルの利用

4Kの映像データのように、高解像度の映像データ編集では、ハイスペックなマシンスペックが要求されます。しかし、Movie Studioを非力なノートパソコンで利用したいというケースもあります。そのような場合は、「プロキシファイル」の利用がおすすめです。

プロキシファイルというのは、高解像度なデータから低解像度のデータを生成し、それを利用して編集します。出力する際には、編集結果を利用して高解像度の元データから出力するため、画質が劣化しません。要するに、編集作業を行うためだけに利用する解像度の低いファイルが、プロキシファイルなのです。

なお、Movie Studioでは、4Kなどの高解像度のデータを取り込んだ場合、自動的にプロキシファイルを作成します。手動で作成したい場合は、以下のように操作します。作成されたプロキシファイルは、拡張子が「.sfvp0」になります。

❶プロキシファイルを作成したいメディアを選択する
❷メディア上で右クリックする
❸「ビデオプロキシの作成」を選択する

選択した映像に対してプロキシファイルが作成される

Chapter 2 ビデオデータを編集する

拡張子が「.sfk」のファイル

フォルダーには、拡張子が「.sfk」というファイルがあります。これは、音声データの波形を表示するための「ピークファイル」と呼ばれるものです。通常の編集では、このファイルをユーザーが取り扱うことはありません。

4Kのフレームを静止画像を切り出す

4Kのビデオ映像は、フレームサイズが3840×2106です。このフレームを静止画像として切り出せば、3840×2106の写真として利用できます。なお、切り出したファイルは、フォルダーに保存されるほか、Movie Studioの「プロジェクト メディア」メディアにも登録されます。

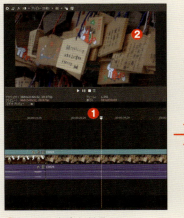

❶カーソルを合わせる
❷映像を確認する

[スナップショットをファイルに保存...]
ボタンをクリックする

❸ファイル名を入力する
❹[保存]ボタンをクリックする

出力された静止画像

Chapter 2　ビデオデータを編集する

2-10 マルチカメラ編集を利用する

マルチカメラ編集では、複数のカメラを利用して撮影したメディアのほかに、1台のカメラで撮影した複数のメディアを編集対象として利用し、映像を切り替えながら再生する映像が簡単に作成できます。

マルチカメラ編集で編集を行う

　「マルチカメラ」は、複数のビデオカメラで撮影した映像を、カットを切り替えながら編集して1本の動画を作る際に利用します。しかし、1台のカメラで撮影した複数の映像を、短いデュレーションで切り替えながら表示させるカット編集などにも利用できます。ここでは、1台のカメラで撮影した複数の映像を、マルチカメラ編集を利用して編集する方法について解説します。

マルチカメライベントの作成

　マルチカメラ編集では、Movie Studioのテイク機能を利用して「マルチカメライベント」を作成し、編集を行います。ここでは、マルチカメライベントの作成方法について解説します。なお、誌面の都合上、ここでは3本のメディアを利用したマルチカメラ編集について解説していますが、4本利用した編集も可能で、操作方法も同じです。

Chapter 2　ビデオデータを編集する

● 1・新規プロジェクトを作成する

　新規にプロジェクトを作成します。フルハイビジョンでのプロジェクトは、画面のように「AVCHD」を利用します。

● 2・トラックを整理する

　マルチカメラの場合、基本的にはビデオトラックとオーディオトラックだけが必要なので、「テキスト」や「ピクチャ イン ピクチャ」など、とりあえず不用なトラックは削除すると、作業がしやすくなります。とくに、「ピクチャ イン ピクチャ」トラックは不用です。

1本ずつのビデオトラックとオーディオトラックに整理

● 3・トラックにイベントを追加する

　たとえば3本のイベントでマルチカメラ編集する場合、必要な本数のイベントを重ねるようにトラックに配置します。トラックがない場合は、トラックのない位置にメディアをドラッグ&ドロップすると、トラックが自動設定され、メディアがイベントとして配置されます。

イベントを配置する

イベントをドラッグ&ドロップする

トラックが追加され、イベントが配置される

必要な本数を配置する

| Chapter 2 | ビデオデータを編集する |

TIPS 複数のイベントを続けて配置

1トラックに1つのイベントだけでなく、複数のイベントを配置しても構いません。

● 4・オーディオトラックを整理する

マルチカメラでは、「カメラ1」に該当するデータの音声データがメインとして利用されます。他のクリップの音声部分が必要ない場合は、これを「ミュート」に設定し、音声データをオフにします。さらに、トラックの高さを最小にします。

オーディオトラックを「ミュート」にする

トラックの高さを最小にする

● 5・トラック名を設定する

マルチカメラがわかりやすいように、トラックにカメラ名を設定します。マルチカメラは、上のトラックから「カメラ1」、「カメラ2」、「カメラ3」となります。

Chapter 2 ビデオデータを編集する

● 6・トラックを選択する

イベントを配置したすべてのビデオトラックと、利用するオーディオトラック1本を選択します。ミュートのオーディオトラックは選択しません。この場合、[Ctrl]キーを押しながら、必要なトラックを選択します。

● 7・「マルチカメラトラックの作成」を選択する

トラックを選択したら、メニューバーから「ツール」→「マルチカメラ」→「マルチカメラトラックの作成」を選択してください。

「マルチカメラトラックの作成」を選択する

オーディオトラックの選択

「マルチトラックの作成」では、複数のオーディオトラックを選択していると、メニューから「マルチトラックの作成」が選択できません。選択する場合は、メインとなる1本のオーディオトラックだけ選択します。

● 8・マルチカメラトラックの作成

選択したトラックがマルチカメラトラックに変更されます。この場合、イベントは「マルチカメライベント」として、1つのイベントにまとめられています。これは、「テイク」と同じ構造です。
また、「プロジェクトメディア」ウィンドウには、「VEGAS 単色1」というメディアが作成されますが、これはこのままにします。

マルチカメラトラックが作成される

メディアが追加される

095

Chapter 2 ビデオデータを編集する

マルチビデオカメラでの編集

　マルチカメラトラックが作成し、マルチカメラ編集の準備ができました。これから、マルチカメラ編集モードに切り替えてマルチカメラ編集を行います。

● 1・マルチカメラ編集を有効にする

　メニューバーから、「ツール」→「マルチカメラ」→「マルチカメラ編集を有効にする」を選択してください。マルチカメラ編集モードに切り替わります。同時に、プレビューウィンドウも、マルチカメラモードに変わります。

「マルチカメラ編集を有効にする」を選択する

マルチカメラモードで表示される

POINT　マルチカメラモードとトラックの確認

マルチカメラモードの各サムネイルは、最初に配置したトラックと図のような関係にあります。

❶カメラ1
❷カメラ2
❸カメラ3

096

Chapter 2 ビデオデータを編集する

● 2・マルチカメラ編集を行う

トラックの再生を開始し、再生しながら、表示させたいイベントのサムネイルをクリックします。このサムネイルの選択を繰り返します。このとき、クリックしたサムネイルがアクティブとなり、青い枠が表示されます。

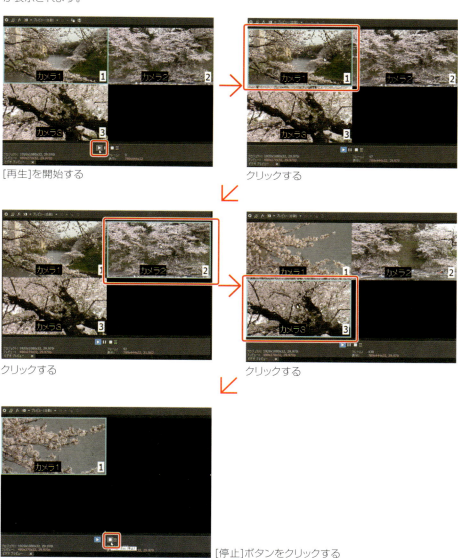

097

Chapter 2　ビデオデータを編集する

● 3・マルチ編集モードを無効にする

編集を終えたら、メニューバーから「ツール」→「マルチカメラ」を選択し、チェックマークの付いた「マルチカメラ編集を有効にする」を選択し、これを無効にします。

● 4・再生して確認する

カーソルをトラックの先頭に戻し、再生を実行してカットの切り替わりを確認します。

 →

カーソルを先頭に戻す

再生してカットの切り替えを確認する

 音声も切り替えたい

マルチカメラ編集では、トラックに配置したいイベント、マルチカメラでは「カメラ1」の音声データが、他のイベントにも適用されます。このとき、イベントを切り替えたのと同時に、切り替えたイベントの音声データを利用したい場合は、トラックのミュートを解除した状態でマルチカメラトラックを作成し、「マルチカメラ オーディオをビデオとともに編集」を選択して有効にします。

音声も同時に切り替える

Chapter 3

VEGAS
Movie Studio 15
ビデオ編集入門

イベントに
エフェクトを設定する

ここでは、イベントに対してさまざまな
エフェクト処理を設定する方法について解説します。
映像が切り替わるときに設定する「トランジション」、
映像全体に効果を設定する「FX」など
定番のエフェクトの他に、
ピクチャー・イン・ピクチャーの設定方法や、
写真を使ったスライドショーの作成方法なども
解説しています。

Chapter 3 イベントにエフェクトを設定する

3-1 トランジションを設定する

「トランジション」は、イベントとイベントが切り替わる際、場面転換をスムーズに行うための特殊効果です。ここでは、トランジションの操作方法について解説します。

トランジションについて

「トランジション」は、シーンの変わり目、すなわち、1つのイベントの再生を終えて次のイベントに切り替わるとき、その変わり目に利用する特殊なアニメーション効果で、これを設定することで、突然画面が切り替わるのではなく、スムーズな場面転換を演出することができます。

トランジションを利用しない場合

トランジションを利用した場合

トランジションを設定する

トランジションは、イベントとイベントの接合点に設定します。設定するトランジションは、「トランジション」ウィンドウで選択します。

● 1・トランジションを選択する

ドッキングエリアの「トランジション」タブをクリックし、「トランジション」ウィンドウを表示します。ここで、利用したいトランジションを選択します。ここでは、「垂直方向、アウト、境界なし」を選択しています。

Chapter 3 イベントにエフェクトを設定する

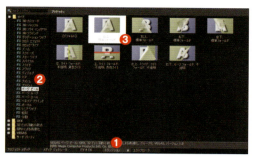

❶「トランジション」タブをクリックする
❷カテゴリーを選択する
❸トランジションを選択する

TIPS　効果のプレビュー

表示されているサムネイルにマウスを合わせると、トランジション効果をプレビューできます。

サムネイルで効果をプレビュー

● 2・トランジションをドラッグ&ドロップする

選択したトランジションを、タイムラインに配置したイベントとイベントの接点にドラッグ&ドロップします。

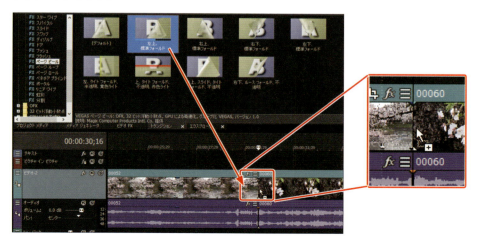

イベントの接点にドラッグ&ドロップする

101

Chapter 3 イベントにエフェクトを設定する

禁止マークが表示される

トランジションを配置できない場所にドラッグ&ドロップしようとすると、禁止マークが表示されてドロップできません。

ドロップできないときのマーク

● 3·ダイアログボックスを閉じる

「ビデオイベントFX」ダイアログボックスが表示されるので、内容を確認して[閉じる]ボタンをクリックします。通常はデフォルト状態のまま利用するので、とくに設定する必要はありません。なお、設定方法については、このあとのカスタマイズで解説します。

[閉じる]ボタンをクリックする

● 4·トランジションが設定される

イベントにトランジションが設定されます。

トランジションを設定したイベント

Chapter 3　イベントにエフェクトを設定する

POINT　トランジションの設定表示が赤い

イベントに配置したトランジションの設定が、画面のように赤く表示されることがあります。これは、イベントがトリミングされていない場合、このように赤く表示されます。通常、トランジションはトリミングされている部分を利用して合成を行うのですが、イベントがトリミングされていない場合、先頭フレームを繰り返し利用することで合成を行っています。それを示すために、赤く表示されます。表示されているタイムコードは、合成によってフレームを利用したため、オーディオ部分とのズレが生じ、どのくらいずれたかを示すタイムコードが表示されています。

トリミングしていない場合のトランジション設定表示

● 5・トランジションを確認する

設定したトランジションは、トランジション付近にカーソルを配置し、プレビューウィンドウで再生を実行して確認します。

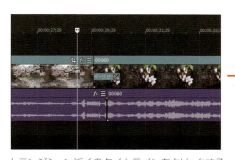 

トランジション近くのタイムラインをクリックする　　［再生］ボタンをクリックする

トランジションが表示される

103

Chapter 3　イベントにエフェクトを設定する

TIPS　プレビューの解像度を変更する

「プレビュー」ウィンドウの表示画質は、目的に応じて変更できます。デフォルトでは、「プレビュー」モードに設定されており、スムーズな再生が可能です。しかし、より高画質で確認したい場合は、表示モードの設定を変更します。
画質は「ドラフト」、「プレビュー」、「標準」、「高画質」の4種類があり、それぞれ「自動」、「フル」、「2分の1」、「4分の1」という4種類のモードから選択できます。

❶クリックする
❷画質を選択する
❸モードを選択する

ドラフト（4分の1）

最高（フル）

選択したすべてのイベントにトランジションを設定する

　複数のイベントに対して、同じトランジションを一度にまとめて設定することもできます。この場合は、次のように操作します。

● 1・イベントを選択する

　トランジションを設定したいイベントを複数選択します。

複数のイベントを選択する

104

Chapter 3　イベントにエフェクトを設定する

TIPS　複数のイベントを選択する

イベントを複数選択する場合は、[Ctrl]キーや[Shift]キーを押して選択します。また、イベントを右クリックし、表示されたメニューから「以降のイベントをすべて選択」などを利用してください。

❶ イベントを右クリックする
❷ 「以降のイベントをすべて選択」を選ぶ

◉ 2・トランジションを設定する

利用したいトランジションを、選択したイベントのどこか1カ所にドラッグ&ドロップします。

マウスの表示

トランジションをイベントの接続点にドラッグ&ドロップする

◉ 3・ダイアログボックスを閉じる

「ビデオイベントFX」ダイアログボックスが表示されるので、[閉じる]ボタンをクリックしてダイアログボックスを閉じます。

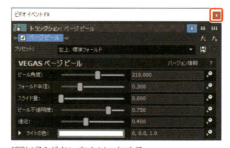

[閉じる]ボタンをクリックする

| Chapter 3 | イベントにエフェクトを設定する |

● 4・トランジションが設定される

選択したすべてのイベントにトランジションが設定されます。

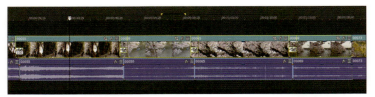

トランジションが設定される

トランジションを変更する

　イベントに設定してあるトランジションを変更する場合は、現在設定されているトランジションの上に、新しいトランジションをドラッグ&ドロップします。これで、新しいトランジションに交換されます。

新しいトランジションをドラッグ&ドロップする

表示されたダイアログボックスを閉じる

変更前

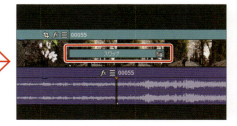

変更後:トランジションが変更される

Chapter 3 イベントにエフェクトを設定する

トランジションのデュレーション（長さ）を調整する

　イベントに設定したトランジションは、デフォルトで1秒のデュレーション（長さ）に設定されています。このデュレーションを調整してみましょう。

● 1・トランジションを選択する

　デュレーションを調整したいトランジションをクリックすると、トランジションの長さが表示されます。デフォルトでは、「1;00」（1秒）の長さに設定されています。

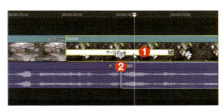

❶トランジションをクリックする
❷デュレーションが表示される

● 2・マウスをドラッグする

　トランジションの両端のどちらかにマウスを合わせてドラッグします。これでデュレーションを調整できます。このとき、変化するデュレーションが表示されます。画面ではデュレーションの終端をドラッグし、2秒のデュレーションに変更してみました。

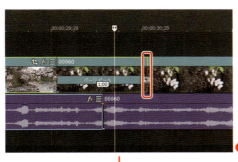

❶トランジションの端にマウスを合わせる

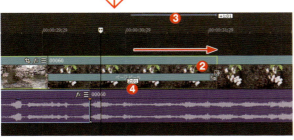

❷ドラッグする
❸調整時間が表示される
❹トランジションのデュレーション

107

Chapter 3　イベントにエフェクトを設定する

トランジションを削除する

　イベントに設定したトランジション上で右クリックし、表示されたメニューから「トランジション」→「カットに変換」を選択します。これで、トランジション設定前の状態に戻ります。

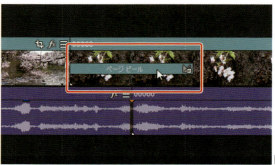

トランジション上で右クリックする

メニューから「トランジション」→「カットに変換」を選択する

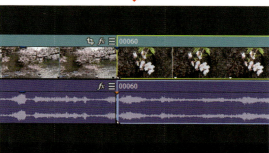

トランジションが削除される

108

Chapter 3 イベントにエフェクトを設定する

3-2 トランジションをカスタマイズする

設定したトランジションは、それぞれ個別のオプションを備えています。このオプションのパラメータを変更することで、さらに効果的にトランジションを利用できるようになります。

トランジションの設定をカスタマイズする

イベントに設定したトランジションのパラメータは、「ビデオイベントFX」ウィンドウを表示して調整します。トランジションのパラメータは、種類によって構成内容が異なります。ここでは、「ページピール」というトランジションのパラメータ変更について解説していますが、基本的な変更方法は、どのトランジションでも同じです。

● 1・「トランジションプロパティ」をクリックする

設定したトランジションを選択し、表示されたトランジション名の右にある「トランジションプロパティ」アイコンをクリックします。

「トランジションプロパティ」アイコンをクリックする

● 2・設定用ダイアログボックスを表示する

「ビデオイベントFX」ダイアログボックスが表示されます。ここには、トランジションを設定するオプションが表示されますが、オプションの内容は、トランジションによって異なります。

たとえば、画面は「トランジション:ページピール」のダイアログボックスですが、下部にある「ライトの色」の[右三角]マークをクリックしてウィンドウサイズを変更すると、ライトに関するパラメータが表示されます。

クリックする

ドラッグする

109

Chapter 3　イベントにエフェクトを設定する

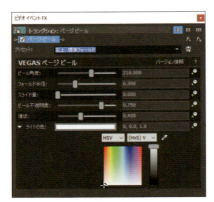

カラーに関するパラメータ設定画面が表示される

◉ 3・ライトの色を変更する

　カラーパレットから、色を選択します。色を選択すると、選択した色に応じて、プレビュー画面でも色を確認できます。

色を選択する

ライトの色が変わる

Chapter 3 イベントにエフェクトを設定する

TIPS 色空間を変更

カラーパレットは、色空間のタイプが選択でき、それに応じてパレットの内容も変わります。

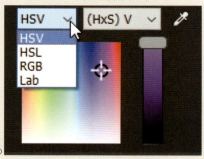

色空間を選択する

POINT 色空間の選択について

Movie Studioでは、色の選択方法に「HSV」「HSL」「RGB」など利用しやすい色空間が選べ、それに応じたパラメータで色選択ができます。

HSV	色相(Hue)、彩度(Saturation・Chroma)、明度(Value・Lightness・Brightness)の3要素で色を構成する。
HSL	色相(Hue)、彩度(Saturation)、輝度(Lightness/Luminance)の3要素で色を構成する。
RGB	赤(Red)、緑(Green)、青(Blue)の3原色を混ぜた、加法混色で色を構成する。
Lab	L軸(黒～白)明るさ、a軸(緑～赤)、b軸(青～黄)という、3つの要素で色を構成する。

Chapter 3　イベントにエフェクトを設定する

● 4・その他のパラメータを変更する

　トランジションによって構成されるパラメータは異なりますが、その他のオプションのパラメータも、必要に応じて変更します。たとえば、トランジションの「ページピール」の場合、ピール角度や不透明度などを変更できます。

「ピール角度」を変更する

「不透明度」を変更する

 テンプレートとして搭載

トランジションのパラメータは、それぞれ利用しやすいように設定されたものが、テンプレートとして搭載されているカテゴリーもあります。それらも、さらにパラメータを調整することで、カスタマイズできます。

112

Chapter 3　イベントにエフェクトを設定する

3-3　オーバーラップでトランジションを設定する

「VEGAS Movie Studio 15」(以下「Movie Studio」と省略)には、「オーバーラップ」という独自の機能が搭載されています。このオーバーラップというのは、いわばトランジションの一種です。先に紹介したトランジションとは設定方法がちょっと異なり、手動でイベントとイベントを合成してトランジションを実現します。

オーバーラップについて

　オーバーラップは、トランジションと同じ効果を表現しますが、いってみればトランジションの基本といえるものです。オーバーラップは、文字通りイベントとイベントを重ね合わせる機能です。そして、重ね合わせたイベントのうち、前のイベントは徐々に透明になり、後のイベントは透明から徐々にはっきりと表示されるようになります。この2つのイベントを重ねることで、トランジションを実現しています。一般的に、ビデオ編集では「クロスディゾルブ」と呼ばれているトランジションと同じ効果です。

オーバーラップによるトランジション

「自動クロスフェード」をオンにする

　オーバーラップを設定する前に、編集ツールバーで「自動クロスフェード」をオンにしておきます。

113

Chapter 3 イベントにエフェクトを設定する

オーバーラップを設定する

　オーバーラップの設定は、タイムライン上でイベントとイベントを重ね合わせることで実現します。重ね合わせる方法は簡単で、一方のイベントを、もう片方のイベント上にドラッグするだけです。

❶イベントをタイムラインに配置する
❷次のイベントをタイムラインに配置する

❸❷のイベントを重ねるように左にドラッグする
❹オーバーラップしているデュレーションが表示される

オーバーラップが完成

1.09秒オーバーラップさせた状態

オーバーラップをカスタマイズする

　オーバーラップでは、前のイベントの透明度の変化と、後のイベントの不透明度の変化速度を調整することで、重なり具合に変化を付けることができます。調整はテンプレートから選択して適用できます。

オーバーラップ上で右クリックする

❶「フェードの種類」を選択する
❷テンプレートからパターンを選択する
※[●]のあるパターンは現在利用しているもの

オーバーラップの効果が変更される

114

Chapter 3 イベントにエフェクトを設定する

TIPS　オーディオトラックもオーバーラップ

映像と同様に、音声部分のオーディオトラックもオーバーラップされています。このとき、音のフェード効果も、テンプレートから選択できます。映像と同じように、音声データがオーバーラップしている部分で右クリックし、テンプレートを選択します。

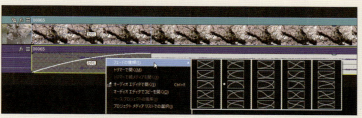

音声のオーバーラップ状態を選択

オーバーラップを解除する

　オーバーラップを解除する場合は、重ねたイベントを元の位置までドラッグすれば解除できます。このとき、マーカーバーには、ドラッグしたデュレーション（時間）が表示されています。

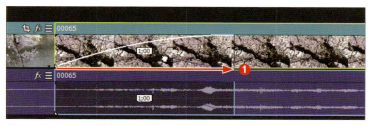

❶元の位置にドラッグする

❷ドラックしたデュレーションが表示される

Chapter 3 イベントにエフェクトを設定する

Ctrl+/キーで解除する

オーバーラップしている部分をマウスでクリックし、キーボードからCtrl+テンキーの/キーを押しても解除できます。この場合、ビデオトラック部分、オーディオトラック部分、それぞれで操作を行う必要があります。必要があれば、オーバーラップの解除後に、イベントをトリミングし、配置した際の状態に戻します。

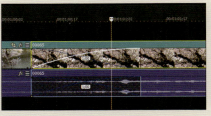

オーバーラップしている部分をクリックして選択する

❶ Ctrl+/キーで解除する
❷ 映像トラックのオーバーラップが解除される

オーディオトラック部分も選択して解除する

Chapter 3　イベントにエフェクトを設定する

3-4 イベントにビデオFXを設定する

「ビデオFX」は、イベントの映像全体に特殊効果を設定する機能です。なお、ビデオFXを設定する場所によって、効果の範囲が変わります。ここでは、ビデオFXの基本的な使い方について解説します。

ビデオFXをどこで設定するのかで呼び名が異なる

　「ビデオFX」は、ビデオイベントに特殊効果を設定する機能で、FXはビデオ編集で「エフェクト」などと呼ばれている「Effect」の略語です。Movie Studioには、映像データ、オーディオデータそれぞれに設定するFXがありますが、これらのFXをどこで設定するかによって、FXに付く前の名称が異なりますが、設定されるエフェクトは同じです。

◎イベントで設定する「イベントFX」

トラックに配置したイベントの「イベントFX」ボタンをクリックする

◎トラックヘッダーで設定する「トラックFX」

該当するトラックに配置してあるすべてのイベントにFX適用する

◎「プロジェクトメディア」ウィンドウで設定する「メディアFX」

 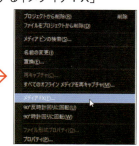

右クリックする　　　　　　　　　　　　　　「メディアFX」を選択する

117

Chapter 3 イベントにエフェクトを設定する

◎「ビデオFX」ウィンドウで設定する「ビデオFX」

効果サムネイルでプレビューしながらビデオFXを利用できる

◎プレビューウィンドウで設定する「ビデオ出力FX」

プロジェクトにビデオFXを設定する。この場合、すべてのビデオトラックに配置してあるすべてのイベントにFX効果が適用される

イベントにビデオFXを設定する

　タイムラインに配置した個別のイベントにビデオFXを設定する「イベントFX」の利用方法について解説します。

● 1・[イベントFX]ボタンをクリックする

　タイムラインに配置したイベントをクリックして選択し、イベントの終端に表示されている[イベントFX]ボタンをクリックします。

❶イベントを選択する
❷[イベントFX]ボタンをクリックする

118

Chapter 3 イベントにエフェクトを設定する

● 2·FXを選択する

利用できるビデオFXの一覧が「プラグインチューザー-ビデオイベントFX」というウィンドウに表示されるので、利用したいビデオFXを選択します。ここでは、まずカテゴリーを選択し、次にエフェクトを選択して[OK]ボタンをクリックします。画面では「VEGAS ビネット」というビデオFXを選択してみました。

❶カテゴリーを選択する
❷FXを選択する
❸[OK]ボタンをクリックする

「ビデオFX」ウィンドウも同じ

ドッキングエリアにある「ビデオFX」タブをクリックしても、同じエフェクトを選択できます。こちらでは、サムネイルで効果を確認できます。選択したエフェクトは、イベント上にドラッグ&ドロップして適用します。

❶タブをクリックする
❷カテゴリーを選択する
❸エフェクトをドラッグ&ドロップする

● 3·パラメーターを設定する

「ビデオイベントFX」という設定パネルが表示されるので、パラメーターを設定します。パラメーターの構成内容は、選択したFXによって異なりますが、プレビューウィンドウで確認しながら行います。設定ができたら、[閉じる]ボタンをクリックして、設定パネルを閉じてください。

FX設定前の状態

効果が適用される

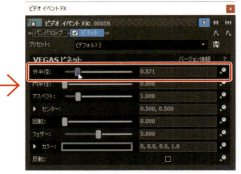
「外半径」のパラメータを変更する

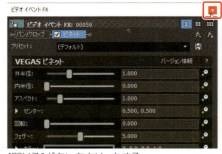

効果の状態が変更される　　　　　　　　　　　[閉じる]ボタンをクリックする

Chapter 3 イベントにエフェクトを設定する

● 4・ボタンを確認する

イベントの右下にある[イベントFX]ボタンは「fx」表示でしたが、FXを設定すると「x」の部分にマークが付いています。これは、イベントにFXが設定されていることを示しています。

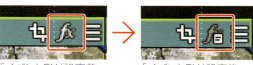

「イベントFX」設定前　　　「イベントFX」設定後

● 5・再生して確認する

プレビューウィンドウのコントローラーで[再生]ボタンをクリックし、設定を確認します。

プレビューで確認する

ビデオFXを追加する

ビデオFXは、1つのトラックやイベントに対して、複数設定できます。たとえば、先ほど「VEGASビネット」を設定したイベントに、別のビデオFXを設定してみましょう。

● 1・ビデオFXの設定パネルを表示する

ビデオFXを設定したイベントやトラックのFXボタンをクリックし、ビデオFXのダイアログボックスを表示します。

FXボタンをクリックする

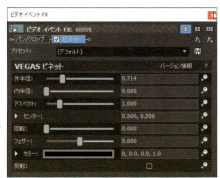

すでに設定されているビデオFXの設定パネルが表示される

121

Chapter 3 イベントにエフェクトを設定する

◉ 2·[プラグインチェーン]ボタンをクリックする

　ダイアログボックスの右上に[プラグインチェーン]ボタンがあるので、これをクリックします。このボタンをクリックすると、別のFXを追加できます。

[プラグインチェーン]ボタンをクリックする

◉ 3·ビデオFXを選択／追加する

　ビデオFXの一覧ウィンドウが表示されるので、利用したいビデオFXを選択して[追加]ボタンをクリックします。なお、ビデオFXは複数追加できます。

❶カテゴリーを選択する
❷ビデオFXを選択する
❸[追加]ボタンをクリックする
❹プラグインボタンが追加される

122

Chapter 3 イベントにエフェクトを設定する

● 4·[OK]ボタンをクリックする

ビデオFXの追加が終了したら、[OK]ボタンをクリックします。

[OK]ボタンをクリックする

● 5·ビデオFXが追加されている

イベントダイアログボックスに戻ると、選択したビデオFXが追加され、その効果がプレビューに表示されます。

効果が追加されて表示される

FXのパラメーターを調整する

先の操作で、操作例として「VEGAS セピア」というFXを追加してみました。このFXのパラメーターを調整してみましょう。

● 1·強さを調整する

追加したFXの設定パネルにある「ブレンドの強さ」パラメーターを調整します。これによって、色が表示されるようになります。このとき、「プレビュー」ウィンドウで効果を確認します。

パラメーターを調整する

効果を確認する

● 2・色を変更する

　セピアカラーの色を変更してみましょう。「カラー」のパラメータを展開して、色を選択します。

「カラー」のオプションを展開してパラメータを表示する

❶色の選択方法を選ぶ
❷カラーを選択する

色を確認する

● 3・ダイアログボックスを閉じる

　設定が終了したら、ダイアログボックスを閉じます。

[閉じる]ボタンをクリックする

124

Chapter 3 イベントにエフェクトを設定する

FXの効果の順番を変更する

ビデオFXは、どのような順番で設定するかによって、効果が変わります。ビデオFXの順番を入れ替えるには、次のように操作します。

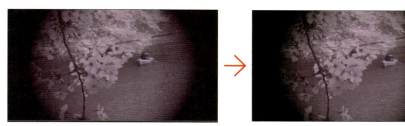

ビネット効果にセピアが影響している　　　　　　セピアの上にビネットが表示されるように変更

● 1・FXの設定パネルを表示する

FXを複数設定してある「イベントFX」ボタンをクリックして、FX設定パネルを表示してください。

[イベントFX]ボタンをクリックする

● 2・プラグインボタンをドラッグする

プラグインボタンが表示されている領域で、ボタンをドラッグして順番を入れ替えます。

❶プラグインのボタンをドラッグする　　　　　❸順番が変更される
❷赤いラインが表示される

125

Chapter 3 イベントにエフェクトを設定する

◉ 3・効果を確認する

　複数のFXを追加した場合、追加したFXは、ボタン一覧の左から順に効果が設定されていきます。したがって、ビネットが最後になり、フレーム終編の色（デフォルトは黒）が確認できるようになったわけです。

変更後：ビネットがセピアの影響を受けていない

◉ 4・ビネットのパラメーターを調整する

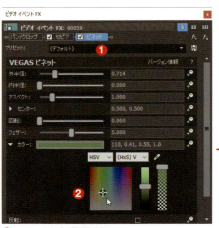

　ビネット効果が前面で表示されている場合、パラメーターを変更することでさらに効果的なFXが楽しめます。

❶エフェクトを選択する
❷パラメーターを変更する

◉ 5・効果のオン／オフ

　設定した効果のオンオフは、プラグインボタンにあるチェックボックスをオン／オフして確認できます。

チェックボックスをオン／オフする

126

Chapter 3 イベントにエフェクトを設定する

効果がオンの状態　　　　　　　　　　　　　　効果がオフの状態

イベントに設定したフィルターを削除する

設定したビデオFXが不用になった場合は、「ビデオFX」ダイアログボックスで次のように操作しして削除します。ここでは、「ビネット」を削除します。

FX削除前　　　　　　　　　　　　　　　　　FX削除後

[ビデオFX]ボタンをクリックする

❶削除したい[プラグイン]ボタンを選択する
❷[選択されたプラグインの削除]ボタンをクリックする

選択したビデオFXが削除される

127

Chapter 3　イベントにエフェクトを設定する

3-5　ビデオFXをアニメーションさせる

ビデオFXの効果は、時間の経過に応じて変化させてビデオFXのアニメーションを設定することが可能です。ここでは、ビデオFXをアニメーションさせるためのキーフレームの利用方法について解説します。

キーフレームについて

　「キーフレーム」というのは、特定のフレームに再生カーソルが達したとき、何か実行する命令が設定されているフレームのことをいいます。何か行動を起こす「キー」となる「フレーム」という意味から、「キーフレーム」と呼びます。

　たとえば、あるフレームには「動きを始める」という命令を設定し、別のフレームには「動きを止める」という命令を設定すると、アニメーションが実現できます。これを利用すれば、イベントに設定したFX効果もアニメーションできます。3-4で解説した「ベネット」も、通常なら一定箇所に表示されるベネット効果が、自在に変化するアニメーションに変更できます。ここでは、別のFX効果「レンズフレア」を例に解説します。

128

Chapter 3 イベントにエフェクトを設定する

キーフレームを設定する

　ここでは、キーフレームを利用して「レンズフレア」の効果が移動するアニメーションの設定方法について解説します。レンズフレアだけでなく、他のビデオFXでも、アニメーションの設定方法は同じです。

● 1・ビデオFXを設定／確認する

　タイムラインに配置したイベントに、ビデオFXの「レンズフレア」を設定します。設定してある場合は、設定ダイアログボックスを表示します。ここで設定内容を確認します。

レンズフレア効果のFXを設定したイベント

[イベントFX]ボタンをクリックする

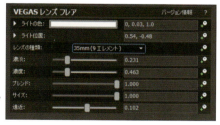
レンズフレアの「イベントFX」ダイアログボックスを表示

● 2・タイムラインを表示する

　設定パネルでタイムラインを表示します。タイムラインは、「ライト位置」のアニメーションボタンをクリックして表示します。

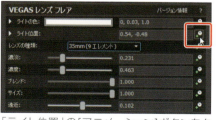
「ライト位置」の[アニメーション]ボタンをクリックする

タイムラインが表示される
初期状態のキーフレーム位置

再生ヘッドの位置を左に移動する

129

● 3・最初のライト位置を確認する

「ライトの位置」の三角ボタンをクリックしてオプションを展開すると、現在の状態のライトの位置が表示されています。このときの状態が、タイムラインの左端にキーフレームが表示されて記録されています。

「ライトの位置」のオプションを展開

左端のキーフレームに記録されている

ここでは、アニメーションが開始される最初のフレームに、ライトがアニメーションを開始する位置と決めます。ダイアログボックスのタイムラインの左端に、初期設定のキーフレームとカーソルが設定されています。ここが初期位置になります。必要があれば、この状態で「ライト位置」にあるライトの位置を変更します。

ライトの位置をドラッグする

ライトの位置を確認する

> **TIPS** ダイアログボックスのサイズ変更
>
> 設定ダイアログボックスは、上下、左右の境界線をドラッグして、サイズを変更できます。
>
>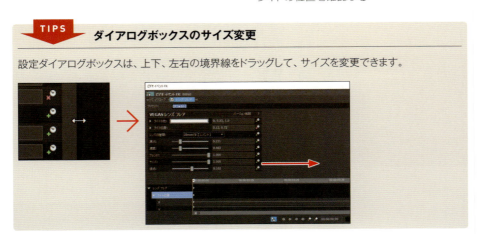

Chapter 3 イベントにエフェクトを設定する

◉ 4・キーフレームを追加設定する

次に、再生カーソルを移動して別の位置にキーフレームを追加し、ライトの位置を調整します。なお、❶の操作でカーソルを移動していますが、タイムラインの「00:00:01:29」にカーソルを合わせると、約2秒後の位置に移動したことになります。

❶「ライト位置」を選択する
❷カーソルを移動する

プレビューウィンドウで[+]マークのライトをドラッグする

キーフレームが自動的に設定される

| Chapter 3 | イベントにエフェクトを設定する |

● 5・キーフレームをさらに追加する

　4の操作を繰り返し、ライトが移動する軌跡を作りながら、キーフレームを設定します。また、最後にライトを停止させる位置にキーフレームを設定します。

カーソルを移動する

ライトの停止位置を決める

キーフレームが設定される

キーフレームを移動する

　タイムラインに設定したキーフレームは、ドラッグして設定位置を自由に変更できます。

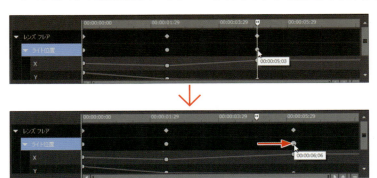

キーフレームをドラッグして位置を変更する

132

Chapter 3 イベントにエフェクトを設定する

キーフレームを削除する

　キーフレームを削除する場合は、削除したいキーフレームを選択し、[キーフレームの削除]ボタンをクリックします。キーフレームを選択すると、○の黒いラインが白くなります。

❶キーフレームを選択する
❷[キーフレームの削除]ボタンをクリックする

❸キーフレームが削除される

キーフレームと補完の関係

　2つのキーフレーム間のアニメーションは、動きをスムーズにするための「補完カーブ」を設定できます。

❶キーフレームを右クリックする
❷補完カーブのタイプを選択する

❸[カーブ]ボタンをクリックする

動きを視覚的に確認できる
※[レーン]ボタンで、キーフレーム表示に戻ります。

 補完カーブのタイプ

補完カーブには、以下のようなタイプがあります。

リニアフェード	直線的な軌跡で補完される。
スムーズフェード	スムーズで自然な曲線に沿って補完される。
高速フェード	急な曲線の軌跡で補完される。
低速フェード	緩やかな曲線の軌跡で補完される。
シャープフェード	シャープな曲線に沿って補完される。
ホールド	アニメーションは行われない。キーフレームの設定は、次のキーフレームまで維持される。

133

Chapter 3　イベントにエフェクトを設定する

3-6　ピクチャー・イン・ピクチャーを作成する

メインのムービー画面の中に小さな子画面のムービーがある、いわゆる「ピクチャ・イン・ピクチャ」ですが、これをMovie Studioで実現する方法について解説します。

ピクチャー・イン・ピクチャーの設定

　メインのムービーの中に、小さな画面のムービーが合成表示されている機能を、「ピクチャー・イン・ピクチャー」といいます。Movie Studioでこのピクチャー・イン・ピクチャーを実現するには、イベント単体に対して設定する方法と、トラック自体に設定する方法の2種類があります。ここでは、トラックに設定する方法を解説します。

ピクチャー・イン・ピクチャーを利用したムービー

　なお、本書では、メインとなる映像を「親画面」、その中に表示される小さな画面を「子画面」とわかりやすいように表記しています。

● 1・トラックを追加しながらイベントを配置する

　ピクチャ・イン・ピクチャでは、親画面のイベントは「ビデオ」トラックに配置し、子画面のイベントは「ピクチャ イン ピクチャ」トラックに配置します。

親画面を「ビデオ」トラックに配置する

イベントが追加される

子画面に利用したいメディアを、「ピクチャ イン ピクチャ」トラックに配置する

134

Chapter 3　イベントにエフェクトを設定する

◉ 2・子画面が表示される

プレビューウィンドウの中央には、子画面が表示されています。

表示された子画面

◉ 3・イベントをトリミングする

「ピクチャ イン ピクチャ」トラックに配置したイベントをトリミングし、適当なデュレーションに調整します。

トリミング前

↓

トリミング後

◉ 4・子画面の表示位置を選択する

子画面の表示位置は複数の方法で変更できますが、「トラックFX」ダイアログのプリセットで変更してみましょう。

[トラックFX]をクリックする

❶[▼]をクリックする
❷サイズを選択する

 デフォルトを選択する

元の状態に戻したい場合は、「デフォルト」を選択します。

135

Chapter 3 イベントにエフェクトを設定する

● 5・表示位置が変更される

　子画面の表示位置が変更されます。ただし、ここで設定した表示位置は、トラックに配置するすべてのイベントに適用されます。

「左下、サイズ固定」で表示
表示位置は、自由に変更できます。

「左上、サイズ固定」で表示

「右下、サイズ固定」で表示

「右上、サイズ固定」で表示

● 6・子画面の音声イベントを削除する

　子画面の音声イベントは、「オーディオ」トラックで親画面の音声イベントの上に上書きされています。これが不用な場合は、削除します。削除しない場合、双方の音声がミックスされて再生されます。

　なお、子画面の音声イベントの削除方法については、215ページを参照してください。

音声イベントを選択する

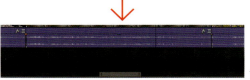
音声イベントだけ削除する

136

Chapter 3 イベントにエフェクトを設定する

サイズ・位置情報を変更する

　子画面のサイズや表示位置は、「トラックFX」ウィンドウのオプションで変更したり、手動で変更することができます。

◉ オプションで変更する

　「トラックFX」ウィンドウには、「位置」や「スケール」などピクチャ・イン・ピクチャ用のオプションが備えられており、このパラメータを変更して調整します。

サイズ、表示位置のオプション

パラメータを調整する

◉ 手動で調整する

　手動でサイズや表示値を調整する場合は、必ず「トラックFX」ウィンドウを表示して操作します。「トラックFX」ウィンドウを表示しないと、手動で変更できません。

ダイアログを表示する

ハンドルが表示されている

ハンドルドラッグでサイズ変更

137

Chapter 3 イベントにエフェクトを設定する

子画面ドラッグ

表示位置調整

ピクチャ・イン・ピクチャのカスタマイズ

設定した子画面が親画面の映像と重なって見えづらいときには、子画面を「2Dシャドー」や「2Dグロー」といった機能を利用して、目立たせることができます。

◉ 1・イベントを選択する

「ピクチャ イン ピクチャ」トラックに配置したイベントを選択します。

◉ 2・「トラックモーション」ダイアログを表示する

「ピクチャ イン ピクチャ」のトラックヘッダーにある[詳細]ボタンをクリックして「トラックモーション」を選択し、「トラックモーション」ダイアログを表示します。

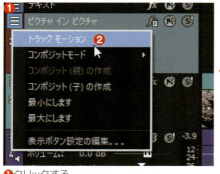

ダイアログが表示される

❶クリックする
❷選択する

138

Chapter 3　イベントにエフェクトを設定する

● 3・「シャドー」や「グロー」を設定する

設定した子画面をより目立たせたい場合は、「トラックモーション」ウィンドウにある「2Dシャドー」や「2Dグロー」を利用します。

「2Dシャドー」のチェックボックスをオンにする

子画面にシャドウが設定される

「2Dグロー」を有効にした場合の表示

Chapter 3　イベントにエフェクトを設定する

グロー表示のパラメータ

「2Dグロー」に関するパラメータは、ダイアログボックス左にあるオプションメニューで変更できます。

Chapter 3 イベントにエフェクトを設定する

● 4・「トラックモーション」ウィンドウを閉じる

サイズ変更、表示位置などを変更・確認したら、「トラックモーション」ウィンドウを閉じます。

[閉じる]ボタンをクリックして閉じます

TIPS ピクチャ・イン・ピクチャをアニメーションさせる

「トラックモーション」ダイアログでキーフレームを利用すると、ピクチャ・イン・ピクチャをアニメーションできます。この場合、アニメーション用のキーフレームは、「ピクチャ・イン・ピクチャ」トラックで表示／調整できます。

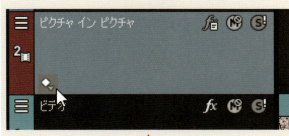

[キーフレーム表示]をクリックする

↓

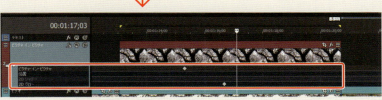

キーフレームが表示される

141

Chapter 3 イベントにエフェクトを設定する

3-7 クロマキーによる合成を行う

ここでは、クロマキーによる合成方法について解説します。「クロマキー」というのは、キーイング合成の一種で、これを利用して合成方法について解説します。

クロマキーによる合成について

「クロマキー」による合成では、映像の中の特定の色を透明化してマスクとすることで、そこに別の映像を合成するというテクニックです。

クロマキー合成を作成する

クロマキーによる合成は、トラックに配置したイベントから「イベントFX」を表示し、そこにある「クロマキーヤー」を利用して実行します。その手順を解説します。

● 1・トラックを追加する

合成用のイベントを配置するために、ビデオトラックを追加します。追加したトラック名は「クロマキー」と設定してみました。

Chapter 3 イベントにエフェクトを設定する

● 2・イベントを配置する

「ビデオ」トラックには、合成によって表示させるイベントを配置します（❶）。追加したビデオトラックには、キーでマスク化したいイベントを配置します（❷）。なお、どちらかのイベントの音声部分が不用な場合は、これを削除します（→P.215）。双方の音声を利用したい場合は、オーディオトラックを追加してください。

❶合成によって表示させるイベントを配置
❷キーでマスク化したいイベントを配置

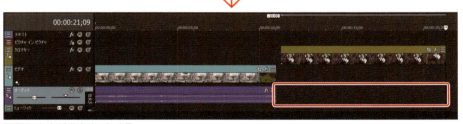

不要な音声部分をカットする

Chapter 3 イベントにエフェクトを設定する

◉ 3・イベントを重ねる

双方のイベントが重なるように位置を調整します。

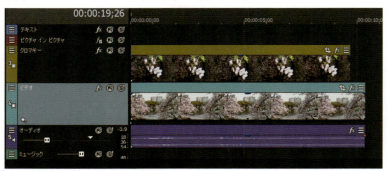

イベントが重なるように配置変更する

◉ 4・イベントにエフェクトを設定する

追加トラックに配置したイベントの[イベントFX]ボタンをクリックして「イベントFX」を表示し、「VEGASクロマキーヤー」を選択します。

「イベントFX...」ボタンをクリックする

❸「VEGASクロマキーヤー」を選択する
❹[OK]ボタンをクリックする

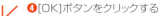

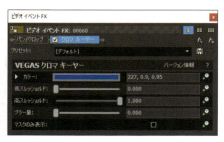

設定パネルが表示される

144

Chapter 3 イベントにエフェクトを設定する

◉ 5·カラーキーを選択する

　VEGASクロマキーヤーの設定パネルで「カラー:」の三角ボタンをクリックし、表示されたパラメータ画面で「スポイト」をクリックします。そのスポイトで、プレビューウィンドウでカラーキーとなる色（透明化したい色）を選択します。

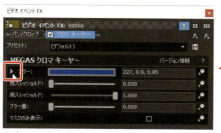
三角マークをクリックする

スポイトをクリックする

スポイトでクリックする

◉ 6·合成が実行される

　キーとして選択した色をマスクとして（選択した色が透明化される）、合成が表示されます。

合成される

145

| Chapter 3 | イベントにエフェクトを設定する |

● 7・オプションを調整する

ダイアログボックスにあるオプションのパラメータを変更し、合成をきれいに調整します。

オプション調整前   オプションのパラメータを調整

合成を調整

POINT　「スレッショルド」について

「スレッショルド」というのは、日本語に訳すと「しきい値」という意味になります。イベントに「クロマキーヤー」を設定すると、マスクが作成されます。このマスクは、いわば不透明度の情報を持つアルファチャンネルと同じと考えてください。このマスクの「輝度値」の調整を、「スレッショルド」で行います。
たとえば、「低スレッショルド」では、ここで設定されている輝度値より輝度値が低い部分が透明になります。また、「高スレッショルド」では、ここで設定されている輝度値より輝度が高い部分が透明になります。通常は、この2つのオプションを組み合わせて調整します。

Chapter 3 イベントにエフェクトを設定する

TIPS 合成のアニメーション化

カラーキーの設定をアニメーション化することも可能です。

[アニメーション]ボタンをクリックする　　　　キーフレームを設定する

TIPS イベントの不透明度調整

イベントの不透明度は、イベント自身に不透明度変更機能が備えられています。

中央上部のハンドル　　　　　　　　　下にドラッグする

不透明度調整前　　　　　　　　　　　不透明度調整後

147

Chapter 3 イベントにエフェクトを設定する

3-8 写真データからスライドショーを作成する

Movie Studioには、映像データの編集のほか、写真を利用してスライドショーを作成する場合にも活用すると便利な機能を備えています。ここでは、このスライドショーを作成する手順を解説します。

スライドショー用のプロジェクトを設定

　スライドショーを作成する場合、プロジェクトはAVCHDなどビデオ映像用のプロジェクトと同じものを利用します。

● 1・新規プロジェクトの設定

　スライドショーを作成する場合、作成したスライドムービーを表示するデバイス（周辺機器）がビデオと同じであれば、テンプレートも、たとえばフルハイビジョンと同じにします。

❶「ビデオテンプレート」はフルハイビジョンと同じ
❷プロジェクト名を入力する
❸[OK]ボタンをクリックする

● 2・「ユーザー設定」を行う

　「ユーザー設定」ダイアログボックスを表示し、ここで静止画像の表示秒数やオーバーラップの設定などを行います。たとえば、自動オーバーラップのチェックボックスをオンにすると、複数の写真をタイムラインに配置した際、自動的にオーバーラップを設定してくれます。

「オプション」→「ユーザー設定」を選択する

❹「編集」タブをクリックする
❺表示秒数を設定する
❻自動オーバーラップのチェックボックスをオンにする
❼[OK]ボタンをクリックする

Chapter 3　イベントにエフェクトを設定する

POINT　静止画像の表示秒数

「新しい静止画像の長さ」では、写真の表示秒数を設定できます。デフォルトでは5秒に設定されています。

● 3・写真を取り込む

「プロジェクト メディア」ウィンドウに写真データを取り込みます。

スライドショーを設定する

　スライドショーの設定では、レターボックス、ピラーボックスの処理が必要になります。写真データをビデオ編集で利用する場合、写真は、16:9や4:3というアスペクト比で写真サイズが構成されているとは限りません。そのため、AVCHD形式などハイビジョンの16:9というアスペクト比のプロジェクトで利用すると、画像の上下や左右に、黒い帯が表示されてしまいます。

　これらの黒い帯を「レターボックス」（上下に黒い帯がある）や「ピラーボックス」（左右に黒い帯がある）といいますが、写真をタイムラインに配置してこれらのボックスが発生した場合、「トラックモーション」を利用して調整を行います。

ピラーボックスが表示されている

ピラーボックスを調整する

POINT　アスペクト比

映像の縦横比のことを「アスペクト比」といいます。たとえば、フルハイビジョンは、映像は1920×1080という「16:9」の比率を利用しています。また、従来の標準画質と呼ばれる映像では、640×480の「4:3」という比率を利用しています。

Chapter 3　イベントにエフェクトを設定する

◉ 1・写真をトラックに配置する

「プロジェクトメディア」ウィンドウから写真データをトラックに配置します。配置は、ビデオと同様に、「ビデオ」トラックに配置します。したがって、配置した写真もイベントと呼びます。なお、本書の例では、ピラーボックスが発生しています。

写真をトラックに配置する

ピラーボックスが表示されている

◉ 2・トラックモーションでサイズを調整する

写真の両サイドに表示されている黒い帯のピラーボックスは、「トラックモーション」を利用して調整します。これによって、このトラックに配置したすべてのイベントに、設定が反映されます。[詳細]ボタンをクリックし、「トラックモーション」を洗濯して「トラックモーション」ウィンドウを表示し、設定を行います。

❶[詳細]ボタンをクリックする
❷「トラックモーション」を選択する

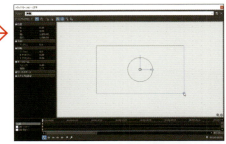
「トラックモーション」ウィンドウを表示する

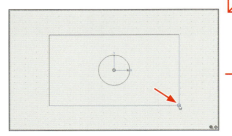
選択ボックスをドラッグし、ピラーボックスが消えるサイズに調整する

黒い帯のピラーボックスが調整される

150

Chapter 3 イベントにエフェクトを設定する

● 3・複数のメディアをまとめて配置する

複数のメディアをまとめてイベントとして配置すると、「ユーザー設定」で設定したように、自動的にオーバーラップ状態で配置されます。

複数のイベントをまとめて配置

TIPS トランジションを設定する

1つずつ写真をトラックに配置したり、自動的にオーバーラップを設定していない場合は、トランジションを設定します。

TIPS 表示時間の調整

ビデオトラックに配置した写真のイベントは、表示時間がデフォルトで5秒に設定されています。この時間を調整したい場合は、映像のトリミングの要領で、イベントの先端終端をドラッグして調整します。なお、調整時間は、タイムラインのマーカーバーに表示されています。

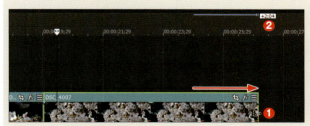

❶終端をドラッグする
❷調整時間を確認する

151

Chapter 3 イベントにエフェクトを設定する

TIPS 映像から静止画像を切り出す

Movie Studioでは、現在編集中の映像データから、特定のフレームを静止画像、すなわち写真データとして出力することができます。この場合、出力された静止画像は、フレームサイズが映像データと同じになります。たとえば、AVCHD形式の映像から切り出すと、サイズは「1920×1080」となり、これをスライドショーに利用すれば、ピラーボックスなどは表示されなくなります。
なお、切り出した静止画像は、指定したフォルダーに保存されると同時に、プロジェクトメディアにも登録されます。

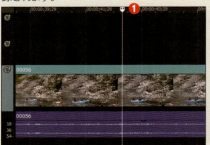
❶タイムラインでカーソルをドラッグする

❷プレビューウィンドウで切り出したいフレームを確認する

❸[スナップショットをファイルに保存...]ボタンをクリックする

❹ファイルの保存先フォルダーを開く
❺ファイル名を入力する
❻ファイルの種類を選択する

Joint Picture Experts Group (*.jpg)
Portable Network Graphics (*.png)

❼[保存]ボタンをクリックする

プロジェクトメディアにも登録される

152

Chapter 3 イベントにエフェクトを設定する

写真にパン&ズーム効果を設定して動きを付ける

　作成しているスライドショーを、このままのプロジェクトで出力したのでは、動きのない映像として出力されます。ここで、「パン／クロップ」機能を利用すると、写真に対して、下から上に移動する、あるいは右から左へ移動する動きを設定できます。なお、ビデオでは左右にカメラを振ることを「パン」、上下に振ることを「ティルト」といいますが、ここでは写真に動きを付けることを総称して「パン」と呼んでいます。

　同時に、写真へのズームイン、ズームアウトも、「パン／クロップ」機能で設定できます。

● 1・「パン／クロップ」設定パネルを表示する

　タイムラインでズームインしたい写真のイベントを選択し、イベントの左下にある[パン／クロップ]ボタンをクリックして「イベント パン／クロップ」を表示します。

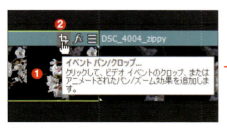
❶写真を選択する
❷[イベント パン／クロップ]ボタンをクリックする

「パン／クロップ」設定パネルを表示する

153

Chapter 3　イベントにエフェクトを設定する

● 2・カーソルを左端に合わせる

　「パン／クロップ」設定パネルの下には、タイムラインが表示されています。ここにあるカーソルを、左端に移動します。ここがパンの開始位置になります。

タイムラインのカーソルを左端に移動する

● 3・写真をクロップする

　「パン／クロップ」設定パネルで、写真をクロップします。ワークエリアに表示されている写真の上下左右、四隅にある□のハンドルをドラッグし、表示したい範囲のサイズを調整します。この場合、丸の中にある四角が画面の範囲になります。その中に、「F」という文字が表示されています。なお、この操作がズーム操作になります。

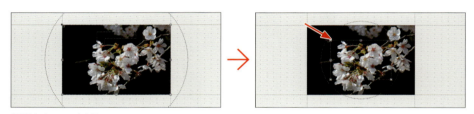

写真をクロップする

クロップ前　　　　　　　　　　　　　　クロップ後

POINT　「クロップ」について

クロップというのは、画像データのトリミングと同じで、映像の上下左右をトリミングすることをいいます。

154

Chapter 3 イベントにエフェクトを設定する

● 4・パンの開始位置を調整する

クロップした写真に対して、左右の動き、すなわちパンを設定します。タイムラインのカーソルが左端にあるのを確認し、ワークエリアにある「F」をドラッグして、たとえば枠を左側に合わせます。

「F」を左にドラッグする

● 5・キーフレームを設定する

タイムラインのカーソルを右端に移動し、新規にキーフレームを設定します。

❸カーソルを右端に移動する
❹「F」を右に移動する
❺キーフレームが自動的に設定される

● 6・パンを確認する

キーフレームの設定が終了したら、ダイアログボックスを閉じて効果を確認します。

閉じるボタンをクリックする

プレビューウィンドウで確認する

155

Chapter 3　イベントにエフェクトを設定する

ズームインの設定

クロップの「3」の操作では、実は写真へのズームインの操作を行っています。左右へのパンが必要ない場合、この操作だけでズームインになります。ここで、ズームインの操作を行ってみましょう。なお、ここでの設定を逆に行えば、ズームアウトの動きを表現できます。

ズームイン前　　　　　　　　　　　　　ズームイン後

❶最初に、カーソルをこのあたりに合わせる。ここからズームインを開始
❷[+]ボタン([キーフレームの作成]ボタン)をクリックする
❸キーフレームを追加する

❹カーソルを移動する。ここまでズームインを続けて停止する
❺クロップしてズームインしたときの表示状態を決める
❻キーフレームが自動的に追加される

156

Chapter 3　イベントにエフェクトを設定する

写真を回転させる

　写真の場合、ビデオと異なり、縦位置写真があります。この縦位置写真を利用するには、「パン/クロップ」設定パネルで写真を回転させます。

◉ 1・「パン/クロップ」設定パネルを表示する

　パンの操作と同様に回転させたい写真を選び、[イベント パン/クロップ]ボタンをクリックして、「パン/クロップ」設定パネルを表示します。

縦位置写真が横位置で表示されている

❶タイムラインで写真を選択する
❷[パン/クロップ]ボタンをクリックする

「パン/クロップ」設定パネルを表示する

157

Chapter 3　イベントにエフェクトを設定する

● 2・写真を回転させる

オプションパネルの「回転」にある「アングル:」に、回転させたい角度を入力します。

再生ヘッドを左端に移動する　　　　　　　　　　ワークエリアの四角枠が回転する

変更前

↓

変更後

 ハンドルを回転させる

ワークエリアに表示されている□のハンドルにマウスを合わせると、マウスポインタの形が変わって回転モードに切り替わり、ドラッグで写真を回転させることができます。

回転用のモードに変わる

158

Chapter 3　イベントにエフェクトを設定する

● 3·クロップ、キーフレームを利用する

　必要に応じて、サイズや「幅」と「高さ」を調整してクロップし、さらにキーフレームを設定してパンやティルトを設定します。

写真のサイズをクロップで調整

下から上へパンするようにキーフレームを設定

POINT　表示が変わらない！

写真を回転させたのに、「イベントのパン／クロップ」ダイアログボックスでは、写真の表示が変わらないが…。大丈夫です。ダイアログボックスでは、写真の画像そのものは回転しません。しかし、画像と一緒に表示されている「F」とあるイメージ枠が回転していますね。これによって、Movie Studio本体のプレビューウィンドウには、きちんと回転された状態で表示されています。

ダイアログボックスではイメージ枠が回転している

プレビューウィンドウでは縦位置で表示されている

159

Chapter 3　イベントにエフェクトを設定する

TIPS　写真の明るさを調整する

スライドショーに利用する写真の色補正などは、ビデオFXを利用して調整できます。たとえば、写真の明るさを調整してみましょう。このほか、カラー補正、ホワイトバランス調整なども可能です。

❶補正したい写真の[イベントFX]ボタンをクリックする

パラメーターを調整する

❷「VEGAS 明るさとコントラスト」を選択する
❸[OK]ボタンをクリックする

テンプレートの利用もできる

デフォルト状態

明るさを調整

160

Chapter 4

VEGAS
Movie Studio 15
ビデオ編集入門

タイトルを設定する

「メインタイトル」は、ムービーに必須のアイテムです。ある意味、メインタイトルの印象が、そのムービーの印象を決めてしまうこともあります。ここでは、オリジナリティあるメインタイトルの作り方を始め、テロップやエンドロールなど、ムービーに必要なテキストデータを利用したメディアの作り方について解説します。

Chapter 4　タイトルを設定する

4-1 メインタイトルを作成する

ムービーにタイトルを設定すると、グッと作品らしくなります。現在編集しているムービーに、メインタイトルを設定してみましょう。「VEGAS Movie Studio 15」（以下「Movie Studio」と省略）では、タイトルなどテキスト関連の素材は、「メディアジェネレータ」のプリセットを利用して作成します。

メインタイトルを作成する

　タイトル作りのポイントは、これからどのようなタイトルを作成するのか、はっきりとしたイメージを持つことが重要です。そのイメージに合わせて必要なプリセットや機能を選び、その機能を利用しながら目的のタイトルを作り上げます。
　最初に、メインタイトルを作成してみましょう。ここでは、画面のような文字を表示するメインタイトルを作成します。なお、アニメーションは設定しません。

● タイトル作りの流れ

　メインタイトルは、次のような流れで作成します。

```
「メディアジェネレータ」を表示する
        ▼
   プリセットを選択する
        ▼
プリセットの設定内容をカスタマイズする
```

「メディアジェネレータ」でプリセットを選んで配置する

　メインタイトルは、「メディアジェネレータ」にあるプリセットを選択し、そのプリセットの設定内容をカスタマイズすることで、オリジナリティあるタイトルを作成します。まず、「メディアジェネレータ」でプリセットを選択し、選択したプリセットをタイムラインに配置してみましょう。

Chapter 4 タイトルを設定する

◉ 1・タイトル用のトラックを確認

最初に、タイトル用イベントを配置するためのトラックを用意します。プロジェクトを設定すると、デフォルトで「テキスト」というトラックが表示されているので、このトラックを利用します。表示されていない場合は、ビデオトラックを追加し、トラック名を入力してください。

「テキスト」トラックを利用する

◉ 2・タイトルの配置位置を決める

メインタイトルをどの位置に表示するのか、タイムラインでカーソルをドラッグしながら決めます。プロジェクトを再生して、配置場所で一時停止してもかまいません。

❶カーソルをドラッグする
❷プレビューウィンドウでタイトルの配置位置を確認する

◉ 3・メディアジェネレータを表示する

ウィンドウドッキングエリアで「メディアジェネレータ」タブをクリックし、「メディアジェネレータ」ウィンドウを表示します。

「メディアジェネレータ」タブをクリックしてウィンドウを表示する

Chapter 4　タイトルを設定する

● 4・プリセットを選択する

ここでは、メインタイトルには、「タイトルおよびテキスト」カテゴリーにある「デフォルト」を利用します。もちろん、好きなプリセットを選択して構いません。

❸カテゴリーの「タイトルおよびテキスト」を選択する
❹プリセットの「デフォルト」を選択する

 プリセットのプレビュー

モーションが設定されているプリセットは、プリセットのサムネイルにマウスを合わせると、動きをプレビューできます。

モーションをプレビューできる

● 5・プリセットをトラックに配置する

選択したプリセットを、タイムラインの「テキスト」トラックにドラッグ&ドロップで配置します。このとき、同時に「ビデオメディアジェネレータ」設定パネルが表示されます。

プリセットをドラッグ&ドロップする

タイトルイベントが配置される

164

Chapter 4 タイトルを設定する

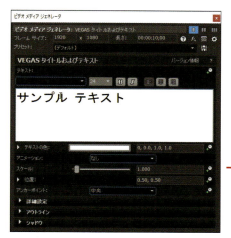

「ビデオメディアジェネレータ」設定パネルが表示される

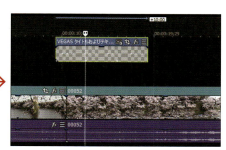

カーソルをタイトルイベントに合わせる

タイトル文字が表示される

 手動で表示する

「ビデオメディアジェネレータ」設定パネルを手動で表示する場合は、イベントにある[生成されたメディア...]ボタンをクリックして表示します。このボタンは、メディアジェネレータで生成されたイベントに表示されます。

[生成されたメディア...]ボタンをクリックする

タイトル文字を設定する

「ビデオメディアジェネレータ」設定パネルにあるタイトル用のパラメータで、文字の入力、修正を行います。

◉ 1・タイトルテキストを修正する

選択したプリセットの「タイトルおよびテキスト」では、メインのタイトル文字として「サンプル テキスト」と入力されています。これを削除して、タイトル文字を入力します。

ビデオメディアジェネレータで「サンプルテキスト」を変更する

変更したタイトル文字

プレビューウィンドウでタイトル文字を確認する

◉ 2・フォントを変更する

タイトル文字のフォントは、テキストボックスの上にあるフォント一覧を表示して選択します。

フォント変更したい文字をドラッグして選択する

❶フォントの[▼]ボタンをクリックする
❷フォント一覧から選択する
❸「太字」を選択

166

Chapter 4　タイトルを設定する

フォントを変更する（※画面のフォントは、Movie Studioには付属してません。筆者が別途インストールしたものです）

POINT　フォントのインストール

利用したいフォントがパソコンに組み込まれていない場合は、事前にインストールしておく必要があります。

◉ 3・文字色を変更する

文字色は、オプションの「テキストの色:」にあるカラーボックスで変更します。

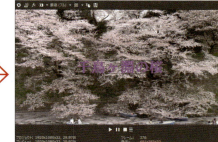

❹カラーボックスをクリックする　　　　　　　文字色を確認する
❺カラーパレットで色を選択する
❻カラーボックスに選択色が反映される

◉ 4・文字サイズを変更する

文字のサイズは、オプションの「スケール:」にあるスライダーをドラッグして調整します。なお、フォント選択ボックスの右にあるフォントサイズからも変更できます。

167

Chapter 4 タイトルを設定する

「スケール」のスライダーをドラッグする　　　　サイズが変更される

 フォントサイズを選択して変更

フォントサイズは、フォント一覧の選択オプションの右にある数字でも変更できます。[▼]ボタンをクリックして、サイズを選択するほか、テキストボックスに数字をダイレクトに入力しても変更できます。

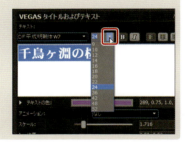

● 5・字間を調整する

　文字と文字の間隔、すなわち文字間隔は、オプションの「詳細設定」にあるパラメータ「トラッキング:」で調整できます。複数行のタイトルを入力した場合は、[行間隔:]で行間調整ができます。

❶「詳細設定」を開く　　　　　　　　　　　　　字間調整を行う
❷[トラッキング]のスライダーを調整する

168

Chapter 4　タイトルを設定する

POINT　トラッキングについて

「トラッキング」というのは、複数の文字の間隔をまとめて調整する機能のことをいいます。2文字の文字間隔ではなく、ブロックとしてまとまった文字の間隔を調整することを指しています。

文字のアウトラインやシャドウをカスタマイズする

タイトル文字を読みやすくするために、アウトラインやシャドウを利用して可読性を高めます。

◉ 1・アウトラインの色を選択する

「アウトライン」（文字の縁取り）を展開し、「アウトラインの色：」にあるカラーボックスをクリックすると、カラーピッカーが表示されます。ここでアウトラインの色を設定します。

❶「アウトライン」を展開する
❷カラーボックスをクリックする
❸色を設定する
❹明るさを調整する

TIPS　色の選択方法について

ビデオメディアジェネレータで表示されるカラーピッカーは、「HSV」、「HSL」、「RGB」、「Lab」という4種類のカラーモデル（色表現の方法）を利用して、色を選択できます。

HSV（エイチエスブイ）
Hue（色相）、Saturation（彩度）、Value（明るさ）から色を選択するカラーモデル。

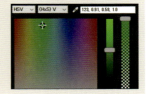

169

Chapter 4　タイトルを設定する

HSL（エイチエスエル）
Hue（色相）、Saturation（彩度）、Lightness（輝度）から色を選択するカラーモデル。

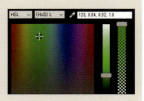

RGB（アールジービー）
光の三原色の、Red（赤）、Green（緑）、Blue（青）から色を選択するカラーモデル。

Lab（ラブ）
L軸（黒～白）明るさ、a軸（緑～赤）、b軸（青～黄）という、3つの要素で色の数値や領域を表すカラーモデル。

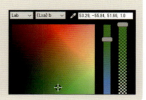

● 2・アウトラインの幅を調整する

パラメータ「アウトラインの幅:」のスライダーをドラッグし、アウトラインの幅を調整します。

スライダーをドラッグする

アウトラインの幅を調整

● 3・影を設定する

文字に影を設定します。「シャドウ」を展開し、プレビューウィンドウを確認しながらそれぞれのパラメータを調整してください。

170

Chapter 4 タイトルを設定する

なお、「シャドウ有効:」のチェックボックスは必ずオンにしてください。

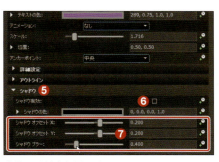 →

❺「シャドウ」を展開する
❻チェックボックスをオンにする
❼各パラメータを調整する

シャドウを設定

POINT 「オフセット」と「ブラー」

「オフセット」というのは、文字と影との距離のことです。ここでは、X軸方向、Y軸方向の距離を設定できます。また、「ブラー」というのは、影のぼけ度合いのことを指します。

● 4・設定パネルを閉じる

各オプションの設定が終了したら、[閉じる]ボタンをクリックして設定パネルを閉じます。

 →

[閉じる]ボタンをクリックする

完成したメインタイトル

171

Chapter 4 タイトルを設定する

アニメーションテンプレートを設定する

タイトル文字には、文字が表示される際や消える際に、アニメーションを設定できます。解説ではアニメーションを設定していませんが、利用する場合には、オプションの「アニメーション:」の一覧から、利用したいアニメーションタイプのテンプレートを選択します。

❶[▼]をクリックする
❷アニメーションを選択する

タイトルの表示時間を調整する

「メディアジェネレーター」設定パネルのテンプレートで作成したタイトルは、デフォルトで10秒の長さに設定されています。この長さを変更するには、ビデオイベントのトリミング同様、イベントの先端や終端をドラッグして変更する方法や、テキストの表示時間を変更する方法があります。

● ドラッグでトランジションを調整する

タイムラインに配置したタイトル用イベントの始点や終点をドラッグして、トランジションの長さを調整します。なお、ドラッグすると、マーカーバーには伸ばした時間が表示されます。画面では4秒伸ばしていることが表示されています。

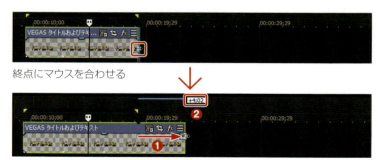

終点にマウスを合わせる

❶終点をドラッグする
❷変更した時間が表示される

Chapter 4 タイトルを設定する

◉ メディアジェネレータで「長さ:」を調整する

　タイトルのデュレーションは、「メディアジェネレータ」設定パネルでも変更できます。設定パネルを表示し、「長さ:」のタイムコードを調整します。

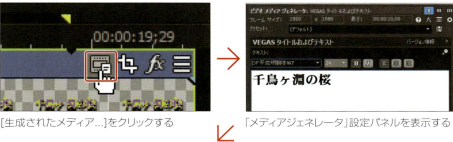

[生成されたメディア...]をクリックする　　　　　　　「メディアジェネレータ」設定パネルを表示する

「長さ:」を調整する

POINT 「長さ」を変更した結果の反映

「メディアジェネレータ」で「長さ:」を調整した場合、タイムラインに配置してあるイベントには、修正直後には影響がありません。設定変更を反映させるには、再度「プロジェクトメディア」ウィンドウからタイムラインにドラッグ&ドロップしたときに反映されます。この点に注意してください。

フェードイン、フェードアウトを設定する

　メインタイトルを再生すると、文字が急に表示され、設定した時間に表示されると急に消えてしまいます。これではちょっと唐突感があるので、もう少しゆっくりと表示され、ゆっくりと消えるようにするには、タイトルイベントにムービーイベントで利用したトランジションを設定します。なお、イベント設定パネルは何も設定しないので、閉じてかまいません。必要があれば設定してください。

テキストイベントの先頭と終端に設定する

❶「トランジション」タブをクリックする
❷「ディゾルブ」を選択する
❸「デフォルト」をドラッグ＆ドロップする

イベント設定パネルの[閉じる]ボタンをクリックする

Chapter 4 タイトルを設定する

4-2 スクロールタイトルを作成する

ここでは、映像の中に文章を右から左へと移動させながら表示させる、スクロールタイトルの設定方法を解説します。

スクロールについて

「スクロール」は、映像の説明文として利用されるテキスト情報です。スクロールの作成には「メディアジェネレータ」のプリセットを利用します。なお、スクロールというと文字が右から左へ流れていくのが普通ですが、Movie Studioのテンプレートスタイルは、文字が一度中央で停止するのが特徴です。

画面右から文字が入ってくる　　中央で一時停止

画面左へ文字が出ていく

プリセットを選択する

メディアジェネレータを表示してテンプレートを選択し、作業を進めます。基本的には、メインタイトルの作成時と同じです。

● 1・スクロールタイトルの配置場所を決める

タイムラインのカーソルをドラッグし、プレビューウィンドウで映像を確認しながら、スクロールタイトルを配置する位置を決めます。

Chapter 4 タイトルを設定する

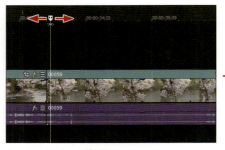

カーソルをドラッグする　　　　　　　　　映像で位置を確認する

● 2・メディアジェネレータを表示する

「メディアジェネレータ」タブをクリックします。

「メディアジェネレータ」タブをクリックする

● 3・プリセットを選択する

「メディアジェネレータ」ウィンドウの左側のエリアで、カテゴリーの「クレジットロール」を選択します。さらに、右側のエリアで、選択したカテゴリーのプリセット一覧から、プリセットを選択します。ここでは、「クレジットロール」にある「時間制、右スクロール、霜白地」を選びました。

カテゴリーの「クレジットロール」から、プリセットの「時間制、右スクロール、霜白地」を選択する

Chapter 4 タイトルを設定する

● 4・プリセットを配置する

選択したプリセットを、タイムラインの「テキスト」トラックにドラッグ&ドロップで配置します。このとき、同時に「ビデオメディアジェネレータ」設定パネルも表示されます。

プリセットをドラッグ&ドロップする

イベントが配置される

「ビデオメディアジェネレータ」設定パネルが表示される

テキスト文字の設定

「ビデオメディアジェネレータ」設定パネルにあるタイトル用のパラメータで、文字を修正します。

● 1・クレジットテキストを修正する

テロップ用に選択したプリセットの「右スクロール、霜白地」では、メインのタイトル文字「タイトル テキスト」と入力されている部分に文章を入力します。なお、あまり長い文章は入力できないので、20文字程度入力してください。詳しくは「3」で解説します。

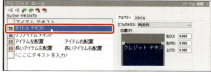
「タイトルテキスト」とあるテキストボックスを選択する

文章を入力する

177

● 2・不要なテキストボックスを削除する

「サブアイテムテキスト」や「アイテム左配置」など、不要なテキストボックスもあります。これらを利用しないのであれば、削除します。

不要なテキストのアイコンをクリックする

[Delete]キーを押してテキストボックスを削除する

不用なテキストボックスを削除

● 3・フォントサイズを変更する

文字のサイズを、オプションの「スタイル」タブで変更します。「スタイル」をクリックして設定パネルを表示し、フォントサイズを変更します。

❶サイズ変更したい文字を選択する
❷「スタイル」タブをクリックする
❸[V]ボタンをクリックする
❹利用したいサイズを選択する

カーソルをドラッグする

文字の状態を確認する

POINT　文字数制限

表示できる文字数には、おおまかな制限があります。文字数はフォントサイズによって異なりますが、デフォルト(初期設定)の「48」の場合で14文字程度です。また、フォントサイズを「36」に設定し、さらにトラッキング調整によって、20文字程度表示できるように設定する方法もあります。

Chapter 4 タイトルを設定する

◉ 4・フォントを変更する

タイトル文字のフォントは、フォントの[v]ボタンをクリックしてフォント一覧を表示し、利用したいフォントを選択します。

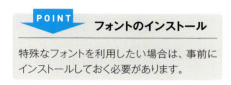

❺フォントの[v]をクリックする
❻フォントを選ぶ

POINT　フォントのインストール

特殊なフォントを利用したい場合は、事前にインストールしておく必要があります。

◉ 5・文字色を変更する

文字色は、「スタイル」タブにあるカラーボックスで変更します。カラーボックスをクリックするとカラーパレットが表示されるので、ここで色を選択します。文字色は、白が基本です。

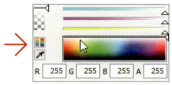

カラーボックスをクリックする　　　　　　　　　文字色を変更する(ここでは白)

◉ 6・「太字」、「斜体」の調整

「右スクロール、霜白地」を利用した場合は、次のオプションも設定変更します。

「太字」、「斜体」をオフにする

デフォルトの状態では、文字の「太字」と「斜体」がオンになっています。これをオフにします。

「中央揃え」にする

文字揃えは、「中央揃え」に設定します。

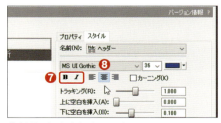

❼斜体、太文字をオフにする
❽中央揃えを選択する

179

Chapter 4 タイトルを設定する

● 7・カーニング、トラッキングの調整

フォントの種類によっては、「スタイル」タブでは、カーニングやトラッキング、その他のオプションなども調整します。

各種オプションの調整前

調整後

❾[カーニング]をオンにする
❿「トラッキング」を調整する

文字背景のカスタマイズ

カラーパレットには「背景色」という、背景色や透明度を調整するスライダーがあります。これを利用して、背景の透明度を調整します。

カラーボックスをクリックする

透明度を調整

調整前

調整後

文字プロパティの設定

テロップの場合、文字の位置やサイズの調整が必要です。基本的には、スクロールするテキストの場合は文字が画面の下側に表示されるように調整します。

● 1・文字位置を調整する

テキストは、画面の下側に表示させた方が、映像の邪魔になりません。文字位置は、次のように調整します。

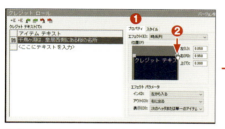 

❶「プロパティ」タブをクリックする
❷「位置」の■ハンドルを下にドラッグする

ハンドルを下げる

テキストが画面下に表示される

 画面の画質を変更する

プレビュー画面の画質は、スムーズな再生ができるように荒い画質で表示するように設定されています。この画質を上げることで、文字がはっきりと読めるようになります。画質で「最高」を選んでみました。

❶[▼]をクリックする
❷「最高」→「フル」を選ぶ

181

Chapter 4 タイトルを設定する

● 2・文字の余白を調整する

文字の左右には、余白が設定されています。余白は不要な場合は、図のように□のハンドルを左右に移動して調整します。

変更前   変更後

● 3・「エフェクト パラメータ」を変更する

「エフェクト パラメータ」には、「イン:」と「アウト:」を設定します。ここでは、画面のように設定します。スクロールは、右から表示され左に消えていく方が、読みやすいです。

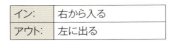

変更前

変更後

● 4・「表示:」を確認する

パラメータの「表示:」では、タイトル文字の表示順などを選択できます。デフォルトでは「次のヘッダまたは単一のアイテムまで」が選択されています。通常は、このままでよいでしょう。複数行のテロップを表示する場合は、表示方法を選択します。

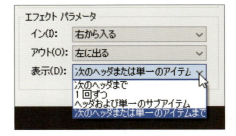

表示方法を確認する

182

Chapter 4 タイトルを設定する

> **POINT** エフェクトは「時系列」
>
> 「プロパティ」タブには「エフェクト:」というオプションがあります。ここは「時系列」に設定しておきます。これによって、文字を表示する際、中央で一時停止します。

● 5・テロップを確認する

タイムラインでスクロールするテキストを確認してみましょう。

文字が画面の右から入ってくる

文字が停止する

文字が画面の左へ出ていく

> **TIPS** 文字数が多い場合の処理
>
> テキスト文字数が多く、1行で収めることができない場合は、「アイテムテキスト」の行を増やします。「＜ここにテキストを入力＞」とあるテキストボックスにテキストを入力して、行を追加します。

テキストを追加する　　　　　　　　　　[Enter]キーを押すと行が登録される

183

Chapter 4 タイトルを設定する

テキスト表示時間の調整

「メディアジェネレータ」設定パネルのテンプレートで作成したタイトルは、デフォルトで10秒の長さに設定されています。この長さを調整するには、ビデオデータのトリミング同様、イベントの先端や終端をドラッグして変更し、さらにテキストの表示時間を変更する必要があります。テキストを再生して、文字の移動が速いようなら、時間を調整してください。

トリミングの要領でデュレーション調整

 「長さ」を変更した結果の反映

「メディアジェネレータ」のオプションで「長さ:」を調整した場合、タイムラインに配置してあるイベントには、修正直後には影響がありません。設定変更を反映させるには、再度「プロジェクトメディア」ウィンドウからタイムラインにドラッグ&ドロップしたときに反映されます。この点に注意してください。

ここでもテロップの長さを調整できる

Chapter 4 タイトルを設定する

4-3 トラックモーションでスクロールタイトルを作成する

Chapter 4-2で紹介したスクロールタイトルは、文字が一時停止したり、あるいはテキストにシャドウ（影）を付けられないなど、使い勝手があまりよくありません。そこでおすすめなのが、「トラックモーション」を利用したスクロールタイトルの作成です。

トラックモーションで作るスクロールタイトル

「トラックモーション」を利用してスクロールタイトルを作成すると、テキストを自由な方向に移動させることができます。また、一時停止などもさせなくて済みます。ただし、この方法では、トラックに配置したイベントに動きを設定するため、スクロールタイトルを配置する専用トラックを準備する必要があります。

一時停止せずに右から左へ移動する。
文字にはシャドウを設定してある

プリセットを配置する

ここでは、スクロールタイトル用の専用トラックを追加し、そのトラックに「メディアジェネレータ」からプリセットを配置する手順を解説します。

● 1・トラックを追加する

最初に、スクロールタイトル用のトラックを追加します。ビデオトラックコントロールで右クリックし、表示されたメニューから「ビデオトラックの挿入」を選んで、ビデオトラックを追加してください。デフォルトで搭載されている「テキスト」トラックを利用してもかまいません。

| Chapter 4 | タイトルを設定する |

❶右クリックする
❷選択する

トラックが追加される

◉ 2・トラック名を入力する

追加したトラックは「トラック名」をダブルクリックして、「スクロール」などと名前を設定しておきます。

トラック名を設定

◉ 3・スクロールタイトルを配置する位置を決める

タイムラインのカーソルをドラッグし、スクロールタイトルを配置したい位置を決めます。

カーソルをドラッグする

スクロールタイトルの配置位置を決める

◉ 4・プリセットを配置する

「メディアジェネレータ」をクリックし、カテゴリーの「タイトルおよびテキスト」にある「(デフォルト)」プリセットを選択し、スクロールタイトルを配置したい位置にドラッグ&ドロップします。

❶プリセットを選択する
❷ドラッグ&ドロップして配置する

「ビデオメディアジェネレータ」設定パネルも表示される

Chapter 4 タイトルを設定する

テロップ文字の設定

「ビデオメディアジェネレータ」設定パネルにあるタイトル用のオプションでスクロールタイトル用の文字を入力、設定します。

1・テキストを入力する

スクロールタイトルとして表示させたい文字を、「サンプル テキスト」とある文字を削除して入力します。テキスト文字数は、178ページにあるPOINTを参照してください。

スクロールタイトル用の文字を入力する

● 2・表示位置を調整する

タイムラインのカーソルをスクロールタイトルのイベントの先頭あたりに合わせ、文字の表示位置を確認します。確認できたら、設定パネルの「位置」というオプションを展開し、文字の表示位置を調整します。

カーソルを合わせる

文字の位置を確認する

❶クリックして「位置」のオプションを開く
❷マーカーをドラッグする

マーカー位置を変更する

文字の位置を確認する

187

Chapter 4 タイトルを設定する

● 3・フォント、文字サイズの変更

フォントや文字サイズを変更したい場合は、「テキスト:」にあるオプションで変更します。

フォントの変更..

❶ 文字をドラッグして選択する
❷ クリックする
❸ フォントを選択する

文字サイズの変更 ....

❶ 文字をドラッグして選択する
❷ クリックする
❸ サイズを選択する

● 4・文字色の変更

文字色を変更する場合は、「テキストの色:」を展開して、カラーパレットから色を選択します。なお、色の選択方法については、169ページを参照してください。

Chapter 4 タイトルを設定する

◉ 5・アウトラインを設定する

スクロールタイトルの文字が背景映像と重なって読みにくい場合、たとえば文字のまわりを囲む「アウトライン」を設定すると、読みやすくなります。

❹アウトラインを展開
❺アウトラインの幅や色を設定する

アウトライン設定前

アウトライン設定後

◉ 6・シャドウを設定する

アウトラインに加えて、さらにスクロールタイトルを目立たせるには「シャドウ」を併用します。

❻シャドウを展開
❼チェックボックスをオンにする
❽オフセット値を調整する
❾ブラーを調整する

影を設定

 「オフセット」と「ブラー」

「オフセット」というのは、文字と影との距離のことです。ここでは、X軸方向、Y軸方向の距離を設定できます。また、「ブラー」というのは、影のぼけの度合いことを指します。

189

Chapter 4　タイトルを設定する

動きを設定する　PLATINUM

　スクロールタイトルの動き（アニメーション）は、「トラックモーション」で設定します。ここでは、スクロールタイトル用のテキストが、画面の右端から入り、一時停止せずに画面左へ出ていくアニメーションを設定します。なお、通常版では、「ビデオメディアジェネレータ」の「アニメーション」を利用してください。

● 1・「トラックモーション」の設定パネルを表示する

　最初に、「トラックモーション」の設定パネルを表示します。

❶[詳細]ボタンをクリック
❷「トラックモーション」を選択

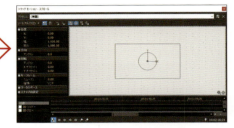
「トラックモーション」の設定パネルが表示される

● 2・アニメーションの開始点を設定する

　タイムラインでカーソルをスクロールタイトル用イベントの先頭に合わせます。このとき「トラックモーション」設定パネルの下部にあるタイムラインでは、タイムラインと連動して同じ位置にカーソルが配置されています。ここがアニメーションの始点になります。

カーソルをイベントの先頭に合わせる

設定パネルのカーソルも連動して同じ位置に配置される

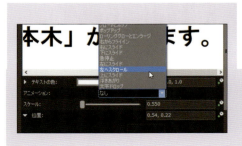

● 通常版の場合
通常版の場合は、「ビデオメディアジェネレータ」のアニメーションで、「左へスクロール」などを設定します。

190

Chapter 4　タイトルを設定する

● 3・文字サイズを再調整する

　トラックモーションを利用すると、長い文章の場合、文字が画面内に表示しきれない場合があります。そのような場合は、「ビデオメディアジェネレータ」にある「スケール:」で、文字全体が表示されるように調整します。

「スケール:」を調整する

● 4・テキストを開始位置に移動する

　ワークスペース内で四角い枠を右にドラッグし、プレビューウィンドウで文字が右端に隠れるまで移動します。このとき、キーフレームが自動設定されます。

ドラッグする

スクロールタイトルが隠れる　　　　　　　　　　キーフレームが自動設定される

Chapter 4 タイトルを設定する

◉ 5・終点を設定する

次に、タイムラインのカーソルをイベントの終端に合わせ、同じようにワークスペース内で四角い枠を、今度は左にドラッグし、プレビューウィンドウで文字が左端に隠れるまで移動します。

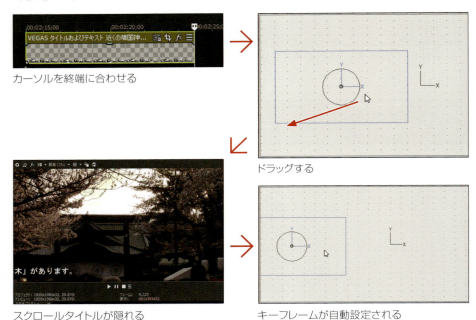

カーソルを終端に合わせる

ドラッグする

スクロールタイトルが隠れる

キーフレームが自動設定される

◉ 6・再生して確認する

設定ができたら、プレビューウィンドウで再生して確認します。

192

Chapter 4 タイトルを設定する

4-4 エンドロールを作成する

ムービーの最後に表示するエンドロール。スタッフロールなどどもいわれ、スタッフや撮影協力などをロール形式で表示する機能です。ここでは、エンドロールの作成方法について解説します。

エンドロールについて

「エンドロール」は、ムービーの最後にスタッフや協力者の一覧をロールアップ表示するための機能です。なお、エンドロールは、画面下から上にロールアップするのが基本です。

エンドロールを作成する

エンドロールは、メインタイトルやテロップ同様に、「メディアジェネレータ」のテンプレートを利用して作成します。

◉ 1・プロジェクトの終端にフェードアウトを設定する

プロジェクトの終端に、フェードアウトを設定します。フェードアウトは、終端のビデオイベントの右上にマウスを配置し、ドラッグして設定します。

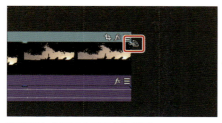
終端の左上にマウスを合わせる

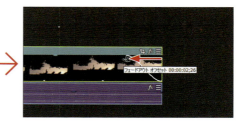
ドラッグしてフェードアウトを設定する

Chapter 4 タイトルを設定する

● 2・エンドロールの配置場所を確認する

カーソルをドラッグするか再生を実行し、エンドロールの配置場所を見つけます。

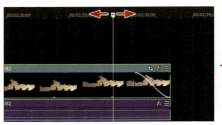

カーソルをドラッグする　　　　　　　　　　エンドロールの表示位置を確認する

● 3・プリセットを選択して配置する

エンドロールの作成では、テンプレートを利用して作成します。「メディアジェネレータ」タブのカテゴリー「クレジットロール」にある「黒地部分でスクロール」を選択し、テキストトラックに配置します。なお、イベントは映像データより上のトラックに配置します。

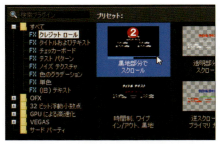
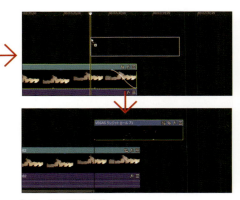

❶「メディアジェネレータ」タブをクリックする
❷「黒地部分でスクロール」を選択する

トラックに配置する

194

Chapter 4 タイトルを設定する

● 4・エンドロール文字の設定

「ビデオメディアジェネレーター」設定パネルが表示されているので、テキストを入力します。

テキスト文字を入力する

● 5・テキストボックスの追加

テキストボックスを追加したいときには、「＜ここにテキストを入力＞」ボックスの左端にある■ボタンを押し続けてください。追加するテキストボックスのタイプボタンが表示されるので、タイプのボタンをクリックして追加します。

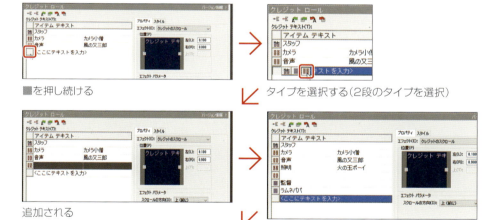

■を押し続ける　　　タイプを選択する（2段のタイプを選択）

追加される

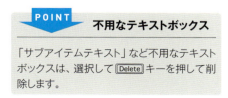

POINT　不用なテキストボックス

「サブアイテムテキスト」など不用なテキストボックスは、選択して Delete キーを押して削除します。

195

Chapter 4 タイトルを設定する

◉ 6・スタイルの設定

2段タイプのテキストボックスでは、左と右の文字が離れすぎています。これを調整してみましょう。

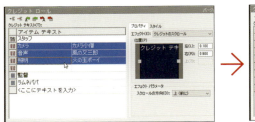

調整したいテキストボックスを選択する　　　　「スタイル」タブをクリックする

文字揃えボタンをクリックする

調整前　　　　　　　　　　　　　　　　　調整後

 複数選択する

テキストボックスを複数選択する場合は、[Shift]キーや[Ctrl]キーを押しながら、テキストボックスを選択します。

196

Chapter 4 タイトルを設定する

● 7·文字プロパティの設定

文字の表示位置は、「プロパティ」タブにある■ボタンをドラッグして調整します。

ドラッグする

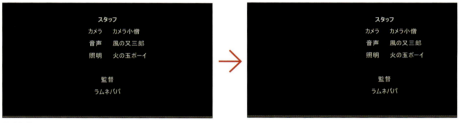

調整前　　　　　　　　　　　　　　　　　　調整後

● 8·文字背景のカスタマイズ

デフォルトの設定では、背景が黒のため、下の映像が確認できません。そこで、黒い背景を透明化します。

❶「スタイル」タブをクリックする
❷「背景色:」のカラーボックスをクリックする

「アルファ」を「0.00%」にドラッグして設定する

背景を透明に設定

197

Chapter 4 タイトルを設定する

4-5 (PLATINUM) テイクを利用して配置する

Movie Studioには、「テイク」という機能があります。この機能をテキストイベントで利用すると、同じタイトルを別々の映像イベントで利用できるようになります。一般的なビデオ編集ソフトではあまり見かけない、Movie Studioの独特な機能です。

「テイク」を配置する

「テイク」というのは、1つのイベントに、複数のイベントを関連づける機能です。たとえば、下図のように1つのタイトルイベントを複数の映像イベントで利用したい場合、通常ならイベントごとにトラックを設定し、トラックの表示をオン／オフしながら切り替える必要があります。

1つのタイトルを3つのイベントで利用

ところが、「テイク」機能を利用すると、利用するトラックは1つ、イベントも1つで、しかも3つのビデオイベントで1つのタイトルを利用できるのです。この設定と利用方法を解説しましょう。

通常の場合、同じタイトルイベントを3つ配置する必要がある

テイクを利用した場合

198

Chapter 4 タイトルを設定する

● 1・メディアを選択する

「プロジェクトメディア」ウィンドウで、利用したい複数のメディアを選択します。選択方法は、通常のメディア選択と変わりありません。

イベントを複数選択する

 複数のイベントを選択する

複数のイベントを選択する場合、Ctrlキーを押しながらクリックすると、任意のイベントを複数選択できます。また、Shiftキーを押しながらクリックすると、連続してイベントを選択できます。

● 2・右ボタンを押しながらドラッグ&ドロップする

メディアの選択ができたら、マウスの右ボタンを押しながら、複数のメディアをビデオトラックにドラッグ&ドロップします。

右ボタンを押したままドラッグ&ドロップする

● 3・「テイクとして追加」を選択する

タイムラインにドラッグ&ドロップしてからマウスの右ボタンを放すと、メニューが表示されます。ここで「テイクとして追加」を選択してください。

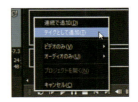

「テイクとして追加」を選択する

199

Chapter 4 タイトルを設定する

● 4・イベントが1つだけ配置される

　ビデオトラックに、イベントが1つだけ配置されます。このときのプレビューウィンドウを確認すると、ビデオトラックに配置しているイベントの映像が表示されます。

イベントが1つだけ表示される　　　　　　　配置されたイベントの映像

● 5・タイトルイベントの配置

　映像を配置したビデオトラックより上にトラックを追加し、そこにタイトル用のイベントを配置します。

タイトル用のイベントを配置する

「テイク」を切り替える

　ビデオトラックにはイベントが1つしか表示されていませんが、ここで、イベントを切り替えてみましょう。たとえば、タイトルイベントを配置して切り替えてみましょう。

切り替え前のイベントのサムネイル(現在のアクティブ)

200

Chapter 4　タイトルを設定する

❶イベントを右クリックする
❷表示されたメニューから「テイク」を選択する
❸イベントの名前を選択する

❹イベントのサムネイルが切り替わる（アクティブが切り替わる）

表示が変わる

「アクティブ」について

テイクを利用してイベントを表示している場合、現在、表示されているイベントを「アクティブ」といいます。アクティブは、イベントにサムネイルが表示されています。

テイクの表示時間

テイクを利用してイベントを配置すると、タイムラインに表示されたイベントは、複数のイベントのうちの、先頭になるイベントの長さに統一されます。
たとえば、3つのイベントをテイクで配置した場合、先頭のイベントの長さでイベントが表示されます。なお、イベントの長さ(再生時間)は、通常のイベントと同じように、トリミングが可能です。
テイクの中には、表示時間の短いイベントもあります。この場合、短いイベントは繰り返し再生され、長いイベントに合わせられます。また、短いイベントが先頭の場合は、長いイベントも短いイベントの再生時間に合わせて短くトリミングされます。

TIPS　プロジェクトを保存する

現在選択されているテイクに応じてプロジェクト名を変更して保存すると、テイクごとにプロジェクト管理ができるようになります。1つのプロジェクトを有効に使い回すには、効果的な方法です。

Chapter 4 タイトルを設定する

● イベントをテイクとして追加する

すでにテイクとしてトラックに配置してあるイベントに、別のビデオイベントを追加することもできます。

❶追加したいメディアを選ぶ
❷イベント上に右ボタンを押しながらドラッグ＆ドロップする

❸「テイクとして追加」を選択する

追加されアクティブになる

● アクティブを削除する

テイクとしてイベントに登録／追加してあるイベントを削除する場合は、次のように操作します。この場合、タイムラインにサムネイルが表示されているイベント（アクティブなイベント）が削除されます。

❶削除したいイベントをアクティブにする
❷アクティブにしたイベントを右クリック
❸「アクティブの削除」を選択する

Chapter 5

VEGAS
Movie Studio 15
ビデオ編集入門

オーディオデータを利用する

映像にとって、BGMを含むオーディオデータは、とても重要な要素です。BGMによって映像のイメージも大きく変わるからです。ここでは、オーディオデータを映像とうまく組み合わせるためのポイントについて、音調調整を中心に解説します。なお、オーディオデータを扱う場合、著作権にも十分注意してください。

Chapter 5 オーディオデータを利用する

5-1 イベントにBGMを設定する

イベントにBGMを設定すると、それまでとは別のイベントに変わります。それだけに、ムービーのオリジナリティをアップするには、BGMの設定が重要です。映像に合った適切なBGMを適切に配置してこそ、BGMも映像も活かすことができます。

オーディオメディアをタイムラインに配置する

「VEGAS Movie Studio 15」（以下「Movie Studio」と省略）でオーディオデータを編集するには、オーディオトラックを利用して編集を行います。ここでは、BGM用のオーディオデータを、デフォルトで設定されている「ミュージック」トラックに配置します。

◉ 1・BGMデータを選択する

「プロジェクトメディア」ウィンドウを開き、BGMに利用したいオーディオメディアを選択します。

BGM用のオーディオメディアを選択する

● 通常版の場合

標準版では、画面のようにすべてのメディアが表示されます。

◉ 2・タイムラインに配置する

選択したBGM用のメディアを、「ミュージック」トラックにドラッグ&ドロップで配置します。

「ミュージック」トラックにドラッグ&ドロップする

オーディオメディアが配置される

204

| Chapter 5 | オーディオデータを利用する |

● 3・再生して確認する

「ミュージック」トラックにメディアをイベントとして配置したら、再生して確認します。プレビューウィンドウの[再生]ボタンをクリックし、BGMと映像を確認します。

[再生]ボタンをクリックして確認する

BGMをトリミングする

オーディオイベントも、ビデオイベント同様にトリミングが可能です。トリミング方法も、ビデオ同様に、イベントの始点や終点をドラッグして行います。たとえば、ここでは同じBGMを再度再生させようとしてイベントを配置したところ、オーディオ部分がビデオ部分より長くなってしまっています。これをトリミングしてましょう。

● 1・終点にマウスを合わせる

画面のように「ミュージック」トラックのイベントがムービーのイベントより長い場合、ミュージックのイベントをトリミングしてムービーと長さを揃えます。ここではイベントの終点をトリミングするために、終端にマウスを合わせます。

トリミング前の状態 　　　　　　　　　　　　　　　　　　　　　　　　　　　　終端にマウスを合わせる

205

Chapter 5　オーディオデータを利用する

◉ 2・終端をドラッグする

　マウスを左にドラッグし、スナップ機能がオンの場合、ビデオイベントなどの終端位置にマウスがスナップします。ここでボタンを放せば、トリミング終了です。

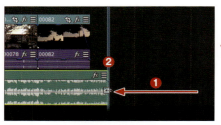

マウスボタンを放してトリミング終了

❶左にドラッグする
❷ビデオトラックのイベント終端にスナップする

 フェードイン、フェードアウトを利用する

オーディオデータをトリミングすると、曲の頭や終わりがカットされ、突然曲が始まったり、あるいは突然曲が終わったりします。このような場合、214ページで解説しているフェードイン／フェードアウトを利用すると、違和感を少なくできます。

Chapter 5 オーディオデータを利用する

5-2 イベントの音量を調整する

Movie Studioでは、オーディオトラックに配置したイベントの音量は、さまざまな方法で調整ができます。ここでは、主な調整方法について解説します。

ボリュームスライダーで音量調整

　オーディオのデータがステレオタイプのプロジェクトの場合、オーディオ関連のトラックヘッダーには、「ボリューム スライダー」が表示されています。このスライダーをドラッグして、音量や音の位置を調整します。

デフォルト(初期設定)では「0.0dB」に設定されている

音量を大きくする(右にドラッグする)

音量を小さくする(左にドラッグする)

POINT　音量の単位「dB」

音量を数値で表したものが「dB」(デシベル)で、音量を表す単位です。基準の信号と比較してどの程度大きいか小さいかを数値で示しています。なお、この場合の基準の信号は、ビデオデータに記録されているオーディオ信号やオーディオファイルの信号です。この記録されている信号の音量を「0.0dB」とし、それよりもどれくらい大きいか小さいかを表示しています。

センタースライダーでセンターの調整　　PLATINUM

　Platinumに搭載されている「センター」スライダーは、スピーカーの位置をパンする機能です。オーディオの世界では「定位」と呼ばれていて、ステレオの場合、左右のスピーカーへの音量の割り振りを調整します。通常は、左右のスピーカーの中央で聞いている状態がベストと言われています。そのため、Movie Studioでは「センター」という名前が付いているのではないでしょうか。

Chapter 5 オーディオデータを利用する

なお、センターの「パンスライダー」を左にドラッグするとスピーカーの左から、右にドラッグすると右から音が再生されるように割り振られます。

デフォルト(初期設定)では「センター」に設定されている

スピーカーを左にパンさせる(左にドラッグする)

スピーカーを右にパンさせる(右にドラッグする)

「マスタ バス」ウィンドウによる音量調整

トラックヘッダーにあるボリュームスライダーによる音量調整のほかに、「マスタ バス」ウィンドウによる調整もできます。BGMなども含め、ビデオのイベントなどプロジェクト全体の音量を調整したい場合は、「マスタ バス」ウィンドウの利用がおすすめです。

● 1・「マスタ バス」ウィンドウを表示する

「マスタ バス」ウィンドウは、編集画面右端にある、レベルメーターのあるウィンドウです。

「マスタ バス」ウィンドウ

208

Chapter 5 オーディオデータを利用する

> **TIPS**　「プレビューフェーダー」を表示する

ウィンドウ内で右クリックし、「プレビューフェーダー」を選択すると、「プレビューフェーダー」ウィンドウを表示できます。プレビューフェーダーでは、「プロジェクトメディア」や「トリマー」、「エクスプローラ」ウィンドウでのラウドネス（音の大きさ）を調整できます。

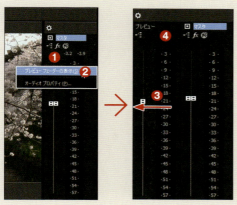

❶右クリックする
❷「プレビューフェーダーの表示」を選択する
❸ウィンドウサイズを変更する
❹フェーダーが表示される

マスタ………プロジェクトの音量調整のほか、パンの調整やエフェクトの追加などができる。
プレビュー……「プロジェクトメディア」や「トリマー」、「エクスプローラ」ウィンドウなどでメディアを再生する際のラウドネス調整ができる。

● 2・音量を調整する

「マスタ バス」ウィンドウのマスタで音量を調整してみましょう。

デフォルト（初期設定）では「0.0dB」に設定されている

映像を再生する

209

Chapter 5 オーディオデータを利用する

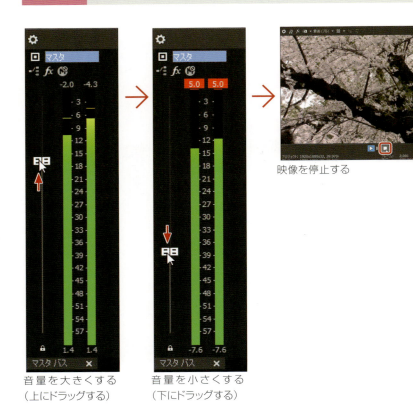

映像を停止する

音量を大きくする
（上にドラッグする）

音量を小さくする
（下にドラッグする）

エンベロープによる音量調整

　Movie Studioでの音量調整方法に、「エンベロープ」の利用があります。この機能を利用すると、視覚的に音量調整ができます。なお、エンベロープでは、音量のほかにパンも調整できます。

◉ 1・エンベロープを確認・表示する

　エンベロープは、LチャンネルとRチャンネルの中央に、ラインとして表示されています。これが表示されていない場合は、メニューバーから「挿入」→「オーディオエンベロープ」→「ボリューム」を選択してください。選択しているトラックにエンベロープが表示されます。なお、操作しやすいように、トラックの幅を広げるとよいでしょう。

Chapter 5 オーディオデータを利用する

❶トラックを選択する   ❷「ボリューム」を選択する

エンベロープが青いラインで表示される

TIPS 右クリックで表示する

トラックヘッダーで右クリックし、「エンベロープの挿入/削除」→「ボリューム」を選択しても、エンベロープが表示できます。もう一度同じメニューを選択すると、エンベロープを非表示にできます。

● 2·音量を調整する

エンベロープにマウスポインタを合わせると、指の形に変わります。そのまま上にドラッグすれば音量が上がり、下にドラッグすれば音量が下がります。このとき、バルーンヘルプに音量情報が表示されます。

エンベロープにマウスポインタを合わせる   上(下)にドラッグして音量を上(下)げる

211

Chapter 5　オーディオデータを利用する

特定の範囲の音量を下げる

　エンベロープを利用すると、たとえばBGMの中で、映像との関連で特定の部分だけ音量を下げたり上げたりできます。

● 1・範囲を確認する

　タイムラインでビデオを再生し、BGMの音量を下げたい範囲を確認します。

この範囲の音量を下げたいと確認する

● 2・キーフレームを設定する

　音量を下げたい範囲のエンベロープに、キーフレームを設定します。キーフレームは、[Shift]キーを押しながら、マウスでエンベロープをクリックして設定します。ここでは、範囲の前後に合計で4個のキーフレームを設定します。なお、通常版ではマウスのデザインが異なります。

❶範囲の先頭にカーソルを合わせる
❷先頭位置あたりにマウスを合わせる

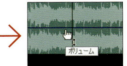

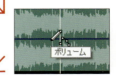

[Shift]キーを押すとマウスの形が変わる

4個のキーフレームを設定

クリックしてキーフレームを設定する

通常版のマウス

212

Chapter 5 オーディオデータを利用する

● 3・キーフレームを移動する

　設定した4個のキーフレームのうち、内側に設定した2個のキーフレームをドラッグして位置を変更します。

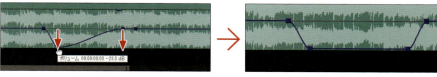

キーフレームを下に下げる

POINT　キーフレームを削除する

エンベロープに設定したキーフレームを削除したい場合は、キーフレーム上で右クリックし、表示されたメニューから「削除」を選択します。

❶キーフレーム上で右クリックする
❷「削除」を選択する

イベントごとに音量調整する

　トラック単位ではなく、イベント単位で音量調整したいこともあります。この場合、エンベロープと似た音量調整の「ゲイン調整」を利用します。

音量調整したいイベントの中央上にあるハンドルにマウスを合わせる

下にドラッグする

ゲインが下がる

213

Chapter 5 オーディオデータを利用する

フェードイン、フェードアウトの設定

　音量のフェードイン／フェードアウトを設定してみましょう。マウスをオーディオイベントの左上隅や右上隅に合わせると、マウスポインタの形が変わります。そのままドラッグすれば、フェードイン、フェードアウトが設定できます。

マウスを合わせると、マウスの形が変わる　　マウスをドラッグする

フェードインとフェードアウトを設定

POINT　フェードの種類を変更する

フェードには、時間的な変化の方法にいくつかのタイプがあります。フェードインを設定した領域内で右クリックし、「フェードの種類」を選択すると、フェードのタイプが選択できます。

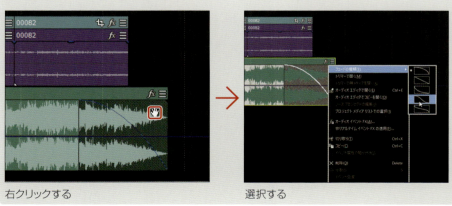

右クリックする　　　　　　　　　　　　　　選択する

Chapter 5 オーディオデータを利用する

オーディオの「ミュート」と「ソロ」

　ビデオ映像とお気に入りのBGMでプロモーションビデオを作りたい、あるいは環境ビデオを作りたいというようなケースでは、映像に記録されている音声データが不要という場合もあります。このようなとき、タイムラインに配置したオーディオイベントをミュートさせます。

　また、逆に特定のトラックの音だけを再生したい場合は、「ソロ」を利用します。たとえば、BGMを配置したトラックをソロに設定すると、映像の音声など、他のオーディオトラックは再生されなくなります。

[ミュート]ボタンをクリックすると、このトラックは再生されない

[ソロ]ボタンをクリックすると、他のトラックは再生されない

TIPS　映像と音声を分割する

ビデオのイベントは、映像と音声の2つのデータ部分で構成されています。通常は2つのデータがグループ化されていますが、これを分離することで、映像だけ、あるいは音声だけで利用することができます。たとえば、映像と音声を分離し、映像だけのデータを残すには、次のように操作します。

❶イベントを右クリックする
❷「グループ」→「グループから削除」を選択する

音声データ部分を選択する

Deleteキーを押すと、音声が削除される

215

Chapter 5 オーディオデータを利用する

5-3 オーディオ用のエフェクトを利用する

Movie Studioには、ビデオだけでなくオーディオデータに対するエフェクトも搭載しています。エフェクトは、トラック単位、イベント単位で設定できますが、ここではトラックに設定するオーディオエフェクトの使い方について解説します。

オーディオエフェクトをトラックに設定する

オーディオイベントにエフェクトを設定してみましょう。エフェクトの設定方法には、トラック全体に設定する方法と、個別のイベントごとに設定する方法の2種類があります。ここでは、「ミュージック」トラックに配置したBGMに対して、トラック全体に「トラックFX」でエフェクトを設定してみます。

● 1・「オーディオプラグイン」ダイアログボックスを表示する

オーディオイベントが配置されているトラックヘッダーで、[トラックFX]ボタンをクリックしてください。「オーディオトラックFX」ダイアログボックスが表示されます。ここで[プラグインチェーン...]ボタンをクリックします。なお、通常版の場合は、「ツール」→「オーディオ」→「トラックFX」で表示します。

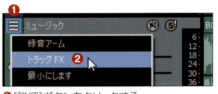

❶[詳細]ボタンをクリックする
❷「トラックFX」を選択する

通常版は「ツール」から選択する

❸「オーディオトラックFX」ダイアログボックスが表示される
❹[プラグインチェーン...]ボタンをクリックする

● 2・エフェクトを選択する

「プラグインチューザー」ウィンドウが表示されるので、「すべて」や「VEGAS」フォルダーから利用したいエフェクトを選択し、[追加]ボタンをクリックしてください。チェーンに選択したエフェクトが追加されます。なお、通常版では、「オーディオ」フォルダーしか表示されません。

216

Chapter 5 オーディオデータを利用する

❺カテゴリーを選択する
❻エフェクトを選択する
❼[追加]ボタンをクリックする
❽チェーンに追加される
❾[OK]ボタンをクリックする

● **通常版の場合**
通常版では、「オーディオ」フォルダのみです。

◉ 3・パラメータを設定する

「オーディオトラックFX」ダイアログボックスに戻ると、選択したエフェクトの設定画面が表示されます。ここで、パラメータを設定します。設定が終了したら、[閉じる]ボタンをクリックしてダイアログボックスを閉じます。

選択したエフェクトのパラメータを設定する(画面はPlatinumの「トラックEQ」設定画面)

> **TIPS** エフェクトのオン／オフ
>
> チェーンに表示されているエフェクト名の先頭には、チェックボックスがあります。このチェックボックスをクリックしてチェックマークを消すと、そのエフェクトの効果を無効にできます。効果のオン／オフでの状態確認に利用します。
>
>
>
> チェックマークを外すと効果が無効になる

217

Chapter 5 オーディオデータを利用する

エフェクトの削除

　設定したエフェクトを削除したい場合は、「オーディオプラグイン」ダイアログボックスを表示し、チェーンで削除したいエフェクトを選択してください。選択したら、ダイアログボックスの右上にある［選択されたプラグインの削除］ボタンをクリックして、エフェクトを削除します。

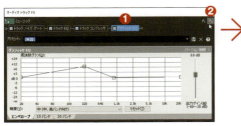

❸エフェクトが削除される

❶削除したいエフェクトを選択する
❷［選択されたプラグインの削除］ボタンをクリックする

Chapter 5 オーディオデータを利用する

5-4 ナレーションを録音する

ナレーションは、映像を再生しながら録音します。プレゼンテーションや商品説明などのビジネス、家族の旅行記録や子供の成長記録などのプライベートでも、ナレーションを活用したビデオ編集を楽しんでください。

録音の準備

　利用するパソコンの「コントロールパネル」を開き、マイクでの録音機能を有効に設定しておきます。設定方法は利用するパソコンのマニュアルを参照してください。ここでは、一例として設定手順を紹介しておきます。

　なお、ここでの設定は、パソコンにマイクを接続してから行ってください。設定方法は、利用するWindowsのバージョンによって異なります。ここではWindows10を利用しています。

タスクバーのスピーカーアイコンを右クリックする

「録音デバイス」を選択する

❶「録音」タブをクリックする
❷「マイク」を有効にする
❸[OK]ボタンをクリックする

219

録音の実行

ナレーションの録音は、映像を再生して見ながら行います。

● 1・オーディオトラックを追加する

ナレーションデータを配置するトラックを追加してみましょう。

❶トラックヘッダーで右クリックする　　　　　　　トラックが追加される
❷「オーディオトラックの挿入」を選択する

● 2・トラック名を入力する

追加したトラックのトラックヘッダーでテキストボックス部分をダブルクリックし、トラック名を「ナレーション」に変更します。

トラック名を入力する

● 3・録音位置を見つける

カーソルをドラッグし、ナレーションを開始する位置を見つけます。位置はモニターウィンドウで確認してください。

カーソルをドラッグする　　　　　　　　　　　　映像を確認する

Chapter 5 オーディオデータを利用する

● 4・ナレーションを録音する

　ナレーションを録音します。録音は、トラックヘッダーの[録音アーム]ボタンをクリックして、録音モードにします。なお、実際の録音は、プレビューウィンドウにあるコントローラーの[録音]ボタンをクリックすると開始されます。

❶[詳細]ボタンをクリックする
❷「録音アーム」を選択する

コントローラーの[録音]ボタンをクリックする

録音の開始と同時に映像も再生されるので、モニター画面での再生映像を見ながら、ナレーションを録音する

● 通常版の場合
通常版の場合は、トラックヘッダーにある[録音アーム]ボタンをクリックし、プレビューウィンドウの[その他のボタン]から「録音アーム」を選択して録音を開始します。

● 5・録音を停止する

　もう一度コントローラーの[録音]ボタンをクリックすると、ナレーションの録音が停止されます。通常版は、再度[その他のボタン]から「録音アーム」を選択して録音を停止します。

コントローラーの[録音]ボタンをクリックする

ナレーションデータが確定される

[完了]ボタンをクリックする

221

6・録音モードを終了する

必要があれば「録音アーム」を選択し、録音を再開します。録音の必要がなければ、トラックヘッダーの「録音アーム」を選択し、録音モードを終了します。通常版の場合は、トラックヘッダーの[録音アーム]ボタンをクリックして終了します。

「録音アーム」を選択し、録音モードを終了する

[録音アーム]ボタンをクリックして終了する

POINT 「録音モード」と「録音アーム」

トラックヘッダーにある「録音アーム」機能は、Movie Studioを録音モードに切り替えるためのコマンドです。録音モードに切り替わると、プレビューウィンドウの[録音]ボタンがアクティブになり、録音を行うことができます。したがって、録音モードでないと録音ボタンがアクティブになりません。
また、録音モードになると、オーディオトラックのタスクバーに、マイクの音量レベルを示すレベルメータが表示されます。

録音モードがオフの状態(Platinum版)

録音モードがオンの状態(Platinum版)

録音モードがオフの状態(通常版)

録音モードがオンの状態(通常版)

● 通常版の場合

通常版では、トラックヘッダーの[録音]ボタンで録音モードをオンにし、プレビューウィンドウの「録音」で録音の開始/停止を行います。なお、録音モードがオンでないと、「録音」がアクティブになりません。

Chapter 6

VEGAS
Movie Studio 15
ビデオ編集入門

ムービーを出力する

プロジェクトの編集が終了したら、プロジェクトから動画データを出力します。出力には、動画ファイルをHDD上に出力する、YouTubeなどにダイレクトにアップロードする、あるいはiPhoneなどのスマートフォンと連携した出力を行うなどさまざまな方法で出力できます。また、ここでは、メニュー付きのDVDビデオを作成／出力する「DVD Architect」の利用方法についても解説します。

Chapter 6 ムービーを出力する

6-1 プロジェクトをMP4形式で出力する

「VEGAS Movie Studio 15」(以下「Movie Studio」と省略) で編集を終えたプロジェクトを、動画ファイルとして出力してみましょう。ここでは、高画質なMP4形式での動画ファイル出力方法について解説します。

出力形式を設定する

Movie Studioで編集を終えたプロジェクトを、動画ファイルとして出力します。ここでは、動画のファイル形式として、ネットなどで主流のMP4形式で出力します。そのための設定と操作手順を解説します。

● 1・プロジェクトの保存

出力作業を開始する前に、現在編集中のプロジェクトを保存します。これは安全のためで、何か新しい作業を行う場合は、作業を行う前に必ずプロジェクトを保存するようにしてください。メニューバーの「プロジェクト」メニューから、「保存」を選択します。

「保存」を選択する

● 2・「ムービーの作成」を選択する

ツールバーにある[ムービーの作成]ボタンをクリックします。続いて表示されたメニュー画面では、「ハードディスクドライブに保存する」を選択します。

[ムービーの作成]ボタンをクリックする

通常版のメニュー

「ハードディスクドライブに保存する」を選択する
(Platinum)

224

Chapter 6 ムービーを出力する

TIPS 「名前を付けてレンダリング」でも保存可能

Platinumでは、プロジェクトの保存ができたら、メニューバーの「プロジェクト」メニューから「名前を付けてレンダリング...」を選択しても、ファイル保存できます。

「名前を付けてレンダリング...」を選択する

POINT レンダリングとは

「レンダリング」というのは、ビデオ編集でトラックに配置した映像、エフェクト、音声、オーディオ、テキストなどさまざまな要素を、動画ファイルという1つのファイルにまとめて出力する作業のことをいいます。このときに利用されるのが、「コーデック」(圧縮)テクノロジーです。素材データをそのままとめたのでは巨大なファイルサイズになってしまうため、コーデックを利用して圧縮という作業が行われます。

● 3・ムービーの保存形式を選択する

メニュー画面が切り替わるので、ここで「ムービーの名前」と「ムービーの保存形式」を選択します。「ムービーの名前」には、デフォルトでプロジェクト名が表示されています。

なお、ファイル名と保存形式を選択後、すぐに出力したい場合は、右下にある[次へ>]ボタンをクリックしてください。

❶ ファイル名を入力する
❷ 「ムービーの保存形式」を選択する
❸ [詳細オプション]ボタンをクリックする

Chapter 6　ムービーを出力する

● 4・「詳細オプション」を設定する

　[詳細オプション]ボタンをクリックすると、「名前を付けてレンダリング」という設定パネルが表示されます。この設定パネルでは、「MP4」形式で出力するために、以下のように選択します。

| フォーマット | Sony AVC/MVC |
| テンプレート | インターネット 1920x1080-30p |

「名前を付けてレンダリング」ダイアログボックス

● 5・テンプレート情報の確認

　選択したテンプレートの設定内容を、「テンプレート情報」で確認します。

```
この設定は、インターネットサイトへのアップロードに適した最高品質の16:9ファイルを作成する場合に使用します。
```

| オーディオ | 128 Kbps, 48,000 Hz, 16 ビット, ステレオ, AAC |
| ビデオ | 29.970 fps, 1920x1080 プログレッシブ, YUV, 16 Mbps |

● 6・ファイルの保存先とファイル名を指定する

　出力するファイルの保存先を指定します。デフォルトでは、以下のMovie Studio関連のフォルダーに設定されています。また、保存されるファイル名を入力します。デフォルトでは、プロジェクト名が自動的に設定されています（上が通常版、下がPlatinum）。

```
C:¥Users¥<ユーザー名>¥Documents¥Movie Studio 15.0 プロジェクト
C:¥Users¥<ユーザー名>¥Documents¥Movie Studio 15.0 Platinum プロジェクト
```

Chapter 6　ムービーを出力する

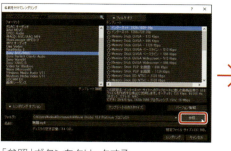

「参照」ボタンをクリックする

❻保存先を確認する
❼必要があればファイル名を変更する

❹フォルダーを選択する
❺[OK]ボタンをクリックする

※「参照」ダイアログではなく、「名前を付けて保存」ダイアログが表示される場合がありますが、これはバグと思われます。

POINT　詳細設定を行わない場合

詳細設定を行わない場合は、「ムービーの作成」メニュー画面で保存先を変更できます。

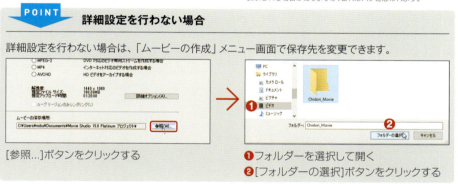

[参照...]ボタンをクリックする

❶フォルダーを選択して開く
❷[フォルダーの選択]ボタンをクリックする

● 7・レンダリングを開始する

[レンダリング]ボタンをクリックし、レンダリングを開始します。

[レンダリング]ボタンをクリックする

レンダリングが開始される

レンダリングが終了したら、
[閉じる]ボタンをクリックする

Chapter 6 ムービーを出力する

● 8・ファイルを確認する

指定したフォルダーに動画ファイルが出力されています。これを再生して確認します。

出力されたファイル　　　　　　　　　　　　　　内容を確認

テンプレートのカスタマイズ　PLATINUM

　動画ファイルの出力設定時に選択するファイル形式のテンプレートですが、Platinumでは設定内容のカスタマイズが可能です。ここでは、テンプレートのカスタマイズ方法を解説します。なお、「カスタム設定」の設定画面内容は、選択するテンプレートによって内容が異なります。
　カスタム設定の「ビデオ」タブでは、解像度やフレームレートなど映像に関連した形式をカスタマイズできます。

❶テンプレートを選択する
❷[テンプレートのカスタマイズ]ボタンをクリックする
❸「ビデオ」タブをクリックする
❹フレームサイズを変更する
❺フレームレートを変更する
❻ビットレートを変更する

228

Chapter 6 ムービーを出力する

「オーディオ」タブ

オーディオの設定タブでは、オーディオ関連の設定をカスタマイズできます。

「システム」タブ

利用している動画ファイルシステムの名称が確認できます。

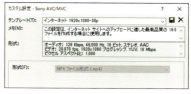

「プロジェクト」タブ

ビデオレンダリング時の画質などを変更できます。

POINT AVCHD形式について

現在のハイビジョン対応ビデオカメラは、「AVCHD規格」が主流です。AVCHD規格は、ハイビジョン映像をDVDやHDD、SDメモリー、メモリースティックといったメディアに記録するための規格として、ソニーとパナソニックの2社によって策定されたものです。映像の圧縮には、MPEG-4 AVC/H.264方式が採用されており、現在ではハイビジョン対応ビデオカメラの標準規格となっています。したがって、Movie Studioでも、このAVCHD形式での出力形式用テンプレートが多く搭載されています。

POINT H.264について

H.264は、ITU（国際電気通信連合）によって勧告された動画データの圧縮テクノロジーの1つです。同時に、ISO（国際標準化機構）でも動画圧縮テクノロジーであるMPEG-4の一部として、「MPEG-4 Part 10 Advanced Video Coding」という名称でも勧告されています。そのため、一般的には「MPEG-4 AVC/H.264」や「H.264/AVC」というような名前で表記されています。とくに圧縮技術が優れ、MPEG-2と同じレベルの画質を保つのであれば、MPEG-4のデータ量は、MPEG-2の約半分程度で済みます。
H.264は、携帯電話など低速で低画質な通信用の用途から、ハイビジョンテレビ放送のような、高速で高画質な用途にまで幅広く利用されています。iPhone、PSPなどのスマートフォンやゲーム機の標準動画形式として採用されるなど、利用範囲の広い圧縮技術です。

Chapter 6 ムービーを出力する

6-2 YouTube にアップロードする

Movie Studioで編集したムービーを、「YouTube」にアップロードして公開してみましょう。Movie Studioでは、編集したプロジェクトから動画データを出力し、出力したデータをYouTubeにアップロードできます。

YouTubeでムービーを公開する

編集の終了したプロジェクトから、ムービーデータを「YouTube」にアップロードしてみましょう。なお、YouTubeに動画をアップロードするには、事前にYouTube用のユーザーIDとパスワードを入手しておく必要があります。入手したアカウント情報は、ここにメモしておきましょう。

あなたのユーザーID＿＿＿＿＿＿＿＿＿＿＿＿＿＿＿＿

あなたのパスワード＿＿＿＿＿＿＿＿＿＿＿＿＿＿＿＿

● 1・プロジェクトの保存

YouTubeへのアップロード作業を開始する前に、現在編集中のプロジェクトを保存します。メニューバーの「プロジェクト」メニューから、「保存」を選択します。

「保存」を選択する

● 2・「YouTubeにアップロード」を選択する

ツールバーにある[ムービーの作成]ボタンをクリックします。続いて表示されたメニュー画面では、「YouTubeにアップロード」を選択します。

[ムービーの作成]ボタンをクリックする

「YouTubeにアップロード」を選択する

230

Chapter 6 ムービーを出力する

● 3・タイトル、説明の入力

「YouTubeにアップロード」ダイアログボックスが表示されるので、タイトル名と説明を入力します。また、「タグ」を入力しておくと、検索時にヒットしやすくなります。なお、「ブロードキャストオプション」は、ライブ配信時の設定です。

オプションの「レンダリング品質」は、「高」を選択しておくことをおすすめします。高画質で公開できます。

❶タイトル名を入力する
❷説明を入力する
❸タグを設定する
❹「高」を選択する
❺「アップロード」ボタンをクリックする

TIPS　後から入力する

タイトルや説明などの情報は、YouTubeにログイン後でもYouTubeの基本情報画面で入力できます。日本語入力システムによっては、ここで入力すると文字化けすることもあるので、そのような場合はYouTubeにログインしてから入力してください。

● 4・レンダリングとアップロード

［アップロード］ボタンをクリックすると、レンダリングが開始されます。レンダリング終了後、YouTubeへログインしてからアップロードが開始されます。

レンダリングが開始される　　　　　　　　YouTubeへのアップロードはログイン後

Chapter 6 ムービーを出力する

● 5・YouTubeにログインする

アップロードが終了すると、YouTubeへのログイン画面が表示されます。ここで、自分のログイン情報を入力して[ログイン]ボタンをクリックしてください。通常は、ログインID（メールアドレス）とパスワードの入力を要求されますが、YouTubeへのログイン間隔によっては、パスワードだけの場合もあります。

ログインすると、アップロードが実行されます。

ログイン情報を入力する

● 6・「基本情報」を設定する

公開のための基本情報を設定します。説明などを入力してなかった場合は、ここでも入力ができます。

❻タイトルを入力する
❼説明文を入力する
❽タグを設定する
❾公開方法を選択する
❿リンク方法を選択する（公開の場合のみ）

● 7・[変更を保存]ボタンをクリックする

入力、設定ができたら[公開]ボタンをクリックします。これで、アップロードしたムービーが公開されます。

[変更を保存]ボタンをクリックする

232

Chapter 6 ムービーを出力する

6-3 スマートフォン(iPhone)での再生用に出力する
PLATINUM

ここでは、Movie Studioで編集の終了したプロジェクトから、スマートフォンでの再生用に出力する方法について解説します。操作例ではiPhoneを参考にしていますが、出力方法については、Androidでも同じです。

iPhone用にハイビジョンで出力する

ここでは、編集の終了したプロジェクトから、iPhoneで再生できる「ハイビジョン映像」を出力する方法について解説します。なお、Androidの場合も、基本的な操作方法は同じです。

● 1・「名前を付けてレンダリング」を選択する

プロジェクトの保存ができたら、メニューバーの「ファイル」メニューから、「名前を付けてレンダリング...」を選択します。

● 2・「出力ファイル」の設定

「名前を付けてレンダリング」設定パネルが表示されます。この設定パネルで、出力に必要な各種設定を行います。

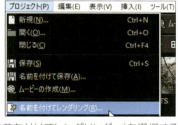

「名前を付けてレンダリング...」を選択する

フォーマット	Sony AVC/MVC
テンプレート:	インターネット 1920x1080-30p

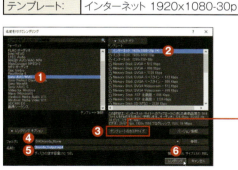

❶「フォーマット」を選択する
❷「テンプレート」を選択する
❸カスタマイズで内容確認
❹ファイルの保存先フォルダーを設定
❺ファイル名を設定
❻[レンダリング]ボタンをクリックする

233

Chapter 6 ムービーを出力する

> **TIPS テンプレートについて**
>
> iPhone用のテンプレートとして、高画質なMP4形式を選んでいます。iPhoneに限らずスマートフォンの場合、1920×1080などの高解像度なMP4形式であれば、必ずしもスマートフォン用の設定である必要はありません。

● 3・レンダリングを実行する

　レンダリングが開始されます。レンダリングが終了したら、[閉じる]ボタンをクリックしてファイルを確認するか、[フォルダを開く]などでファイルを確認します。

レンダリングが実行される　　　　　　　　　終了したら[閉じる]ボタンをクリックする

● 4・ファイルを確認する

　指定したフォルダーに動画ファイルが出力されています。これを再生して確認します。

出力されたファイル　　　　　　　　　　　　内容を確認

● 5・iTunesに転送してiPhoneと同期する

　出力したファイルをiTunesのライブラリに登録します。登録できたら、iTunesとiPhoneとを同期させて映像データをiPhoneに転送すれば、iPhoneで再生できます。

iTunesに登録してiPhoneと同期させる　　　　iPhoneで再生する

Chapter 6 ムービーを出力する

6-4 スマートフォン(iPhone)の動画データを編集する

ここでは、スマートフォン(iPhone)で撮影した動画をパソコンに取り込み、Movie Studioで編集する方法について解説します。

iPhoneの映像をパソコンに取り込む

　iPhoneで撮影した動画データをパソコンに取り込み、Movie Studioで編集してみましょう。iPhoneからの映像データの取り込み方法は、アプリを利用するなどさまざまな方法があります。これはAndroidも同様です。最も簡単な方法は、iPhoneとパソコンをケーブルで接続し、「画像とビデオのインポート」を利用する方法でしょう。この機能を利用すれば、簡単に映像データをパソコンに取り込めます。

データの検索が開始される

❶「デバイスとドライブ」でiPhoneのアイコンを右クリックする
❷「画像とビデオのインポート...」を選択する

「その他のオプション」を選択する

❸インポート設定(データの保存場所)を確認／変更する
❹[OK]ボタンをクリックする

235

Chapter 6 ムービーを出力する

[次へ]ボタンをクリックする

「すべて選択」をオフにする

※一度、すべてを選択してオンにし、さらにもう一度オフにすると、すべての選択を解除できる

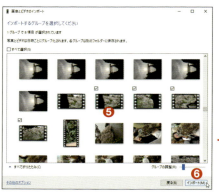

❺ 読み込む対象を選択する
❻ [インポート]ボタンをクリックする

データのインポートが開始される

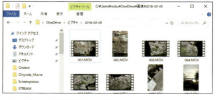

インポートされたデータ

POINT　インポートデータの保存先

インポートによって取り込まれたデータは、「ピクチャ」フォルダ内にインポートした日付などでフォルダーが作成され、その中に保存されます。

236

Chapter 6 ムービーを出力する

● iPhoneの映像データのフォーマットを確認する

iPhoneからパソコンに取り込んだ映像データのデータ形式を確認してみましょう。

❶右クリックする
❷「プロパティ」を選択する

❸「詳細」タブをクリックする
❹プロパティが表示される

横位置の映像を編集する

ここでは、iPhoneで撮影した横位置の映像を、Movie Studioで横位置状態で編集する方法について解説します。

● 1・新規プロジェクトを準備する

Movie Studioを起動し、新規プロジェクト設定パネルを表示します。今回は、先にPC上に取り込んであるiPhoneの動画ファイルを利用し、「メディアの設定と一致させる」を利用してプロジェクトを新規に設定します。

「新規」を選択する

❶「メディアの設定と一致させる」を選択する
❷[参照]ボタンをクリックする

237

Chapter 6 ムービーを出力する

● 2・横位置データを参照する

プロジェクトの設定でiPhoneの映像データを利用するため、PCに取り込んだiPhoneの横位置で撮影したデータを選択／参照します。

設定内容を確認する

❸横位置のデータファイルを選択する
❹[開く]ボタンをクリックする

● 3・プロジェクト名と保存先を選択する

プロジェクト名とプロジェクトファイルの保存先フォルダを指定し、[OK]ボタンをクリックします。

❺プロジェクト名を入力する
❻プロジェクトファイルの保存先を設定する
❼[OK]ボタンをクリックする

● 4・映像データを取り込む

Movie Studioの編集画面が表示されたら、「プロジェクトメディア」タブにiPhoneの映像データを取り込みます。この状態では、横位置撮影、縦位置撮影したものが混在していてもかまいません。

「プロジェクトメディア」タブに、iPhoneの映像データを取り込む

Chapter 6 ムービーを出力する

● 5・タイムラインに「横位置」映像データを配置する

タイムラインに、取り込んだデータの中から、横位置映像を選択して配置します。

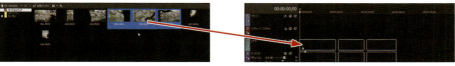

データを選択する　　　　　　　　　　　　　　　ドラッグ&ドロップして配置する

POINT　メッセージが表示された

データをドラッグ&ドロップすると、メッセージが表示される場合があります。これは、プロジェクトの設定とデータの形式が異なるので、ドラッグ&ドロップしたメディアの形式にプロジェクトの設定を変更するという意味です。[はい]ボタンをクリックして、プロジェクト設定をファイルに合わせて変更してください。

[はい]ボタンをクリックする

● 6・イベントとして配置される

iPhoneの動画データがイベントとして配置されます。

 →

イベントとして配置される

Chapter 6 ムービーを出力する

● 7・イベントを編集する

通常のビデオイベント同様に、トリミングやタイトル設定、エフェクト設定などの編集作業を行います。

タイトルなどを設定

プレビューで確認

● プロジェクトのプロパティを確認する

iPhoneの横位置映像を編集しているプロジェクトの、プロパティを確認してみましょう。これからわかることは、通常、ビデオカメラで撮影したハイビジョン映像などは、インターリーブ形式の映像ですが、iPhone用のプロジェクトは、プログレッシブ対応になっているということです。

それは、「フィールド順序」を見ると、「なし（プログレッシブ スキャン）」となっています。通常は、走査線を表示する順番として、「上のフィールドから」などと設定されています。

「プロパティ...」を選択する

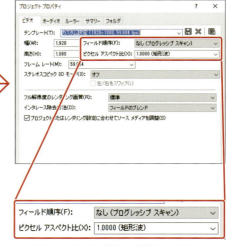

プロジェクトのプロパティが表示される

通常のハイビジョン映像の「フィールド順序」

240

Chapter 6 ムービーを出力する

縦位置映像を編集する

iPhoneで縦位置撮影した映像をMovie Studioで編集し、縦位置のまま出力してみましょう。なお、ここではQuickTime形式で出力します。他の形式で出力できる場合もありますが、再生ができないこともあり、基本的にはQuickTimeがおすすめです。可能であれば、他の形式も試してみるとよいでしょう。

● 1・新規プロジェクトを準備する

横位置のデータ編集と同じで、「メディアの設定と一致させる」を利用してプロジェクトを新規に設定します。

「新規」を選択する

❶「メディアの設定と一致させる」を選択する
❷[参照]ボタンをクリックして縦位置映像を選択する
❺設定内容を確認する
❻プロジェクト名を入力する
❼プロジェクトファイルの保存先を設定する
❽[OK]ボタンをクリックする

❸縦位置のデータファイルを選択する
❹[開く]ボタンをクリックする

「プロジェクトメディア」タブに、iPhoneの映像データを取り込む

● 2・映像データを取り込む

Movie Studioの編集画面が表示されたら、「プロジェクトメディア」タブにiPhoneの映像データを取り込みます。この状態では、横位置撮影、縦位置撮影したものが混在していてもかまいません。

241

Chapter 6 ムービーを出力する

● 3・タイムラインに「縦位置」映像データを配置する

タイムラインに、取り込んだデータの中から、縦位置映像を選択して配置します。

データを選択する

ドラッグ&ドロップして配置する

● 4・メッセージを実行する

データをドラッグ&ドロップすると、メッセージが表示されます。これは、プロジェクトの設定を、ドラッグ&ドロップしたメディアの形式に合わせて変更するという意味です。この場合、縦位置のファイルを参照したにも関わらず、設定されたプロジェクトは、縦が1080、横が1920と設定されており、横位置と同じなのです。そのため、このメッセージが表示されます。[はい]ボタンをクリックすることで、縦、横の設定を、縦1920、横1080という、縦位置設定に変更されます。

[はい]ボタンをクリックする

POINT　「プロパティ」で縦位置設定を確認

最初に設定されたプロジェクトは横位置対応でしたが、ここでの処置によって、横位置設定から縦位置設定に変更されます。メニューバーから「プロジェクト」→「プロパティ」を選択してプロジェクト設定を確認すると、「幅」、「高さ」の設定が変更されています。

変更される前　　　　　　　　　　　　　　変更された後

242

Chapter 6 ムービーを出力する

◉ 5・イベントとして配置される

iPhoneの動画データがイベントとして配置されます。

イベントとして配置される

◉ 6・イベントを編集する

通常の映像イベント同様に、トリミングやタイトル設定、エフェクト設定などの編集操作を行います。

タイトルやエフェクトを設定

タイトルを設定

縦位置で出力する

　Movie Studioで縦位置編集したプロジェクトを、縦位置のまま出力してみましょう。なお、ここではQuickTime形式で出力します。他の形式では出力できないか、出力できても再生ができないこともあり、基本的にはQuickTimeがおすすめです。可能であれば、他の形式も試してみるとよいでしょう。QuickTimeをインストールしていない場合は、AppleのサイトからダウンロードしてインストールしておきますA。

　なお、「QuickTime for Windows」は脆弱性が発見されましたが、通常利用では問題ありません。ただし、セキュリティを重視したい場合は、インストールをお止めください。この場合、縦位置での出力には対応できません。

243

Chapter 6 ムービーを出力する

● 1・「名前を付けてレンダリング」を選択する

プロジェクトを保存して、メニューバーの「ファイル」メニューから「名前を付けてレンダリング...」を選択します。

なお、通常版には「名前を付けてレンダリング」機能は搭載されていませんので、「ムービーの作成」→「ハードディスクに保存する」からMOV形式で出力してください。

「名前を付けてレンダリング...」を選択する

● 2・テンプレートを選択する

「名前を付けてレンダリング」設定パネルが表示されるので、テンプレートとして「QuickTime 7」を選択し、フォーマットやテンプレートを選択します。

なお、QuickTimeがインストールされていない場合は、Appleのサイトからダウンロードしてください。

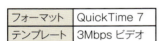

フォーマット	QuickTime 7
テンプレート	3Mbps ビデオ

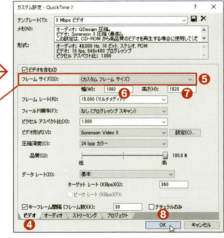

❶ フォーマットを選択する
❷ テンプレートを選択する
❸ [テンプレートのカスタマイズ]をクリックする

❹「ビデオ」タブをクリックする
❺「(カスタムフーレムサイズ)」を選択する
❻「幅」は「1080」と入力する
❼「高さ」は「1920」と入力する
❽ [OK]ボタンをクリックする

Chapter 6 ムービーを出力する

◉ 3・レンダリングを実行する

「名前を付けてレンダリング」設定パネルに戻るので、レンダリングを実行してファイルを出力します。

[レンダリング]ボタンをクリックする

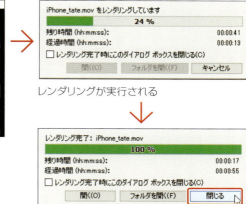

レンダリングが実行される

終了したら[閉じる]ボタンをクリックする

◉ 4・ファイルを確認する

指定したフォルダーに動画ファイルが出力されています。これをQuickTimeプレイヤーで再生して確認します。

出力されたファイルの内容を確認

| Chapter 6 | ムービーを出力する |

6-5 Movie Studio から DVD ビデオを作成する

Movie Studio Platinumには、DVDビデオを作成する機能が内蔵されています。ここでは、この機能を利用して、メニューのないDVDビデオ、すなわち、ムービーをDVDに録画するという感覚でDVDビデオを作成してみましょう。

メニューなしのDVDビデオを作成する

　DVDビデオは、メニュー付きというのが一般的です。しかし、短いムービーなどはメニューを利用せず、DVDメディアに録画する感覚でDVDビデオを作ることもあります。この場合、DVDビデオをドライブにセットすると、すぐに記録したムービーが再生されるようになります。DVDビデオ作成機能ではメニューなどは作成できませんが、DVDディスクをプレイヤーにセットすると映像が再生されるDVDビデオが作成できます。

> **TIPS　メニュー付きのDVDビデオを作成したい**
>
> メニュー付きのDVDビデオを作成する場合は、このあとで解説しているDVD Architectの記事を参照してください。

● 1・DVDへの書き込みを選択する

　ツールバーにある［ムービーの作成］ボタンをクリックし、表示されたメニューから「DVDまたはBlu-ray Discに書き込む」を選択します。

❶［ムービーの作成］をクリックする
❷「DVDまたはBlu-ray Discに書き込む」を選択する

❸「DVD」を選択する
❹「次へ＞」ボタンをクリックする

Chapter 6 ムービーを出力する

● 2・書き込むデータのビデオ形式を選択する

「DVDの書き込み」ダイアログボックスが表示されるので、利用したいビデオ形式を選択します。なお、ビデオの信号形式は「NTSC」を選択します。

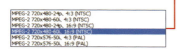

❺「ビデオ形式」を選択する
❻[OK]ボタンをクリックする

POINT 「NTSC」と「PAL」について

「NTSC」と「PAL」というのは、ビデオの信号形式のタイプです。「NTSC」は、主に日本やアメリカ、ヨーロッパの一部で利用されています。「PAL」は、中国や東南アジア、中近東、ヨーロッパ、カナダなどで利用されています。作成したDVDを海外の友人に送るときなどは、ビデオ形式に注意して作成してください。

● 3・書き込みを実行する

書き込みを実行すると、データのレンダリングを開始し、レンダリング後にデータをディスクメディアに書き込みます。

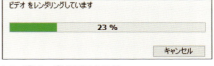

レンダリングが実行される

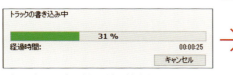

ディスクへの書き込みが開始される

書き込みが完了したら[OK]ボタンをクリックする

● 4・DVDビデオを再生する

DVDビデオが作成できたら、DVDビデオプレイヤーソフトなどを利用して再生します。

DVDビデオプレイヤーソフトなどで再生する

247

Chapter 6　ムービーを出力する

6-6 PLATINUM DVD Architect 編
メニュー付き DVD ビデオの「新規プロジェクト設定」

ここでは、DVDビデオやBlu-ray Discなどを作成するためのオーサリングソフト『DVD Architect Pro』を利用して、メニュー付きのDVDビデオを作成する方法について解説します。最初に、素材の準備や新規プロジェクトの設定などについて解説します。

ここで作成するDVDビデオ

　ここでは、オーサリングソフトの『DVD Architect Pro』(以下「DVD Architect」と表記)を利用して、メニュー付きのDVDビデオを作成する方法について解説します。DVD Architectでは、DVDビデオの他にBlu-ray Discも作成できますが、ここでは、メインメニューの画面と、チャプターメニューという、シーン選択用のメニュー画面を持ったDVDビデオを作成します。

これから作成するDVDビデオのメインメニュー画面　　これから作成するDVDビデオのチャプターメニュー画面

映像データの準備

　このDVDビデオで利用する映像データは、Movie Studioで編集／出力した映像データを利用します。最初に、Movie Studioから映像データを出力しておきましょう。なお、映像データは、たとえばH.264など高画質な映像でもかまいませんし、Movie StudioからDVDビデオ用に出力したデータでもかまいません。先にH.264での出力方法は解説してあるので(→P.224)、ここではDVDビデオ用データの出力方法を解説します。

● Movie Studioから映像データを出力する

　Movie StudioからDVDビデオ用のデータを出力してみましょう。このデータを利用すると、DVDビデオを書き出す際に再圧縮する必要がないので、制作時間を短縮できます。

248

Chapter 6 ムービーを出力する

❶[ムービーの作成]をクリックする
❷これを選択する

❸「メニュー付きDVD」を選択する
❹[次へ>]ボタンをクリックする

❺映像データの保存先を設定する
❻音声データの保存先を設定する
❼必要があればオプションを選択する
※ここでは、「Chidori_DVD」というフォルダ
を作成し、そこに保存するように設定しました。

レンダリングが開始される

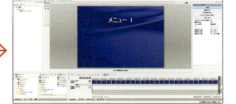

[DVD Architectに送信]ボタンをクリックする

DVD Architectが起動する

249

Chapter 6　ムービーを出力する

TIPS　[DVD Architectに送信]について

「DVD Architectに送信」といっても、レンダリングしたデータをDVD Architectに転送し、そのデータを取り込みながらDVD Architectが起動するというわけではありません。単に、DVD Architectが起動するだけです。起動してから、手動で出力したデータを取り込まなければなりません。したがって、ここでは「完了」ボタンをクリックしてかまいません。

● 利用する映像データ

先に解説したように、Movie StudioからDVD Architect用に出力したデータでもかまいませんし、H.264などの高画質な映像データの、どちらを利用してもかまいません。DVD Architectでは、たとえばMovie Studioのプロジェクトを利用してDVDビデオを作成するということはできませんので、あえて、DVDビデオ用に出力する必要はありません。

DVD Architect用に出力したデータの場合
※拡張子が「.sfl」というファイルはデータ管理で利用するファイルで、素材として利用するわけではありません。

高画質出力した映像データの場合

筆者からのおすすめ

ここでは、Movie StudioからDVD Architect用のデータを出力する方法を解説しましたが、筆者は高画質なデータの利用をおすすめします。というのは、Movie StudioからDVD Architectに映像データやプロジェクトデータ、チャプタマーカーなどの情報を引き継ぐことができないからです。それなら、高画質で出力しておけば、DVDビデオに限らず、さまざまなシーンに利用できます。DVDビデオ用に出力してしまうと、他の目的ではなかなか応用できないからです。

Chapter 6 ムービーを出力する

新規プロジェクトの設定

ここでは、ハイビジョン映像など16:9に対応したプロジェクトを設定する方法について解説します。DVD Architectを起動すると、編集画面が表示されます。このあと、「新規プロジェクト」を設定します。

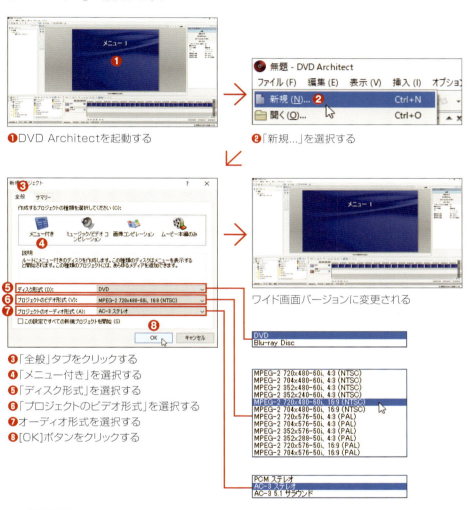

❶DVD Architectを起動する
❷「新規...」を選択する

ワイド画面バージョンに変更される

❸「全般」タブをクリックする
❹「メニュー付き」を選択する
❺「ディスク形式」を選択する
❻「プロジェクトのビデオ形式」を選択する
❼オーディオ形式を選択する
❽[OK]ボタンをクリックする

POINT　Movie Studioから起動した場合

Movie StudioからDVD Architectを起動した場合、「プロジェクトのビデオ形式」が16:9のワイドバージョンには設定されていません。ワイドで利用したい場合は、この作業を必ず行ってください。

251

Chapter 6　ムービーを出力する

◉ プロジェクトの保存

プロジェクト設定を終了したら、一度プロジェクトを名前を付けて保存します。

「保存」を選択する

❶保存先フォルダを開く
❷プロジェクトの名前を入力する
❸[保存]ボタンをクリックする

保存されたDVD Architectのプロジェクトファイル

252

Chapter 6 ムービーを出力する

6-7 PLATINUM
DVD Architect 編
メニュー付き DVD ビデオの「メディアの追加」

ここでは、DVD Architectでオーサリングするためのメディアの取り扱い方法について解説します。プロジェクトの設定を終えてから、メディアを読み込んでください。Movie Studioで作成した高解像のデータとDVDビデオ用のデータ、双方の取り込み方法を解説します。

DVD Architectの編集画面構成

DVD Architectの編集画面は、次のような機能で構成されています。各機能については、本文の中で解説します。

❶メニューバー
❷ツールバー
❸「プロジェクト概要」ウィンドウ
❹編集ツールバー
❺ワークスペース
❻「プロパティ」ウィンドウ
❼テキスト編集バー
❽ウィンドウズドッキングエリア
❾タイムライン

Chapter 6 ムービーを出力する

プロジェクトにハイビジョンデータを追加する

「エクスプローラ」から、利用したい映像データが保存されているフォルダを開き、データを選択します。ここでは、MP4形式のデータを選択しています。選択したデータは、次の方法でプロジェクトに追加します。

❶「エクスプローラ」タブをクリックする
❷フォルダを選択する
❸ファイルをクリックする

選択した映像が再生される

ファイルをワークスペースにドラッグ&ドロップする

「メニュー1」の下に追加される

このほか、次の方法でプロジェクトにメディアを追加できます。

❶ ワークスペースにドラッグ&ドロップ
❷ ファイルをダブルクリックする
❸ プロジェクト概要ウィンドウのメニュー(「メニュー1」など)にドラッグ&ドロップする
❹ プロジェクト概要ウィンドウのルートフォルダにドラッグ&ドロップする

Chapter 6 ムービーを出力する

TIPS DVD Architect用に出力したメディアファイルの場合

Movie StudioからDVD Architect用にデータを出力すると、映像と音声の2つのデータが出力されます。その場合は、2つのデータを選択して操作を行います。ここでは、前記の追加の方法にある❸の方法で追加してみましょう。

2つのファイルを選択する

ここにドラッグ&ドロップする

メディアが追加される
※メディアは1つのアイコンで登録されます

TIPS イントロダクションムービーの追加

DVDビデオをプレイヤーにセットすると、メインメニュー画面が表示される前に、制作会社などのムービーが再生されることがあります。これを「イントロダクションムービー」といいますが、これは「プロジェクト概要」ウィンドウから追加します。メニューから「イントロダクションメディア…」を選択すると、ファイル選択ウィンドウが表示されるので、イントロムービーとして利用したいファイルを選択してください。

❶[+]ボタンをクリックする
❷「イントロダクションメディア…」を選択する

255

Chapter 6 ムービーを出力する

6-8 PLATINUM DVD Architect 編
メニュー付き DVD ビデオの「メニュー作成」

ここでは、DVDビデオのメニューの作成方法について解説します。メニューは、メインメニューと、シーン選択メニュー(チャプターメニュー)です。

チャプターマーカーを設定する

利用するメディアの中から、例えば特定のシーンから再生をはじめたい場合に利用するのが、「シーン選択メニュー」や、一般的に「チャプターメニュー」と呼ばれるメニューです。これらのメニューを作成するには、メディアのどの部分から再生を開始するのか、再生を開始するポイントを設定する必要があります。これを「チャプターポイント」といいますが、これはDVD Architectのタイムラインで設定します。

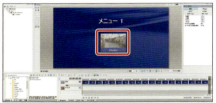

ダブルクリックする

❶映像が切り替わる
❷タイムラインにメディアが表示される

マーカー設定したい位置を、タイムラインをクリックして見つける

[シーン／チャプターマーカーの挿入]ボタンをクリックする

256

Chapter 6 ムービーを出力する

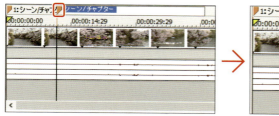
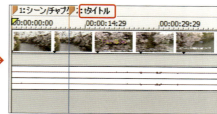

マーカーが追加される　　　シーンの名前を入力する

複数のマーカーを設定する　　　メニューアイコンをダブルクリックする

メニュー編集画面に戻る

TIPS　マーカーを削除する

設定したマーカーを削除する場合は、マーカーを右クリックし、表示されたメニューから「マーカーの削除」を選択します。また、マーカーは左右にドラッグして位置を変更できます。

Chapter 6 ムービーを出力する

チャプターメニューを作る

シーン／チャプターマーカーの設定ができたら、シーン選択メニューを作りましょう。メインメニューに自動設定されているボタンは、追加したムービーの先頭から最後までを再生するボタンとして機能します。

❸ページタイトルを入力する
❹1ページに何個のボタンを表示するか設定する
❺[OK]ボタンをクリックする

❶マーカーを設定したサムネイルを右クリックする
❷「シーン選択メニューの挿入...」を選択する

ワークエリアにリンクボタンが表示される

メニューが追加されている

ドラッグして重なりを修正する

258

Chapter 6 ムービーを出力する

POINT ボタンが重なっている

ワークスペースには、映像を再生するサムネイルボタン、ページを切り替えるためのボタンなどが表示されます。これらのボタンが重なると、きちんと機能しません。そのため、重なっていると赤い色で表示されます。これが表示されたら、ボタンをドラッグして重なりを修正してください。

ボタンが重なっている

◉ チャプターメニューを確認する

今回の作成では、チャプターメニューが2ページできています。確認してみましょう。各ページには、ページ切り替えボタンも自動的に生成されています。これらのページ切り替えボタンは、ダブルクリックして動作確認できます。

ダブルクリックする

❶シーン選択(ページ1)が表示される
❷ページタイトル
❸シーンを選択するボタン
❹メインメニューへ戻るボタン
❺次のページへ切り替えるボタン

Chapter 6 ムービーを出力する

ダブルクリックする

シーン選択(ページ2)が表示される

メニューの動作をプレビューする

メニューができたら、動作をチェックしてみましょう。ツールバーにある[プレビュー]ボタンをクリックすると、メニューのボタン動作を確認できます。

◉ ボタンでページ切り替え

メニュー画面の動作は、[プレビュー]ボタンをクリックして起動するプレビュー画面で行います。この画面では、DVDプレイヤーをシミュレートでき、リンクボタンの動作を確認できます。

[プレビュー]ボタンをクリックする

プレビュー画面が表示される

[シーン選択]ボタンをクリックする

ページが切り替わる

260

Chapter 6　ムービーを出力する

メインメニュー

ページ2（次のシーンメニュー）

◉ メディアへのリンクボタンで映像再生

　シーン選択メニューにあるボタンは、マーカーを設定した位置のフレーム映像が表示されています。このボタンをクリックすると、マーカーを設定した位置からメディアの再生が開始されます。なお、コントローラーが表示されているので、これを使って操作をシミュレートできます。

クリックする

再生が開始される

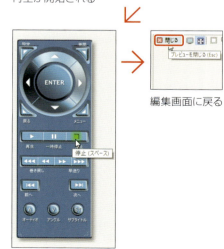
コントローラーで操作する

編集画面に戻る

261

Chapter 6 ムービーを出力する

ボタンの移動・削除とメニューの削除

　ここでは、メニュー構造を変更する次の操作について解説します。たとえば、「リンクボタンの削除」や「ボタンのページ間移動」、そして「ページの削除」などについて解説します。

 リンクボタンについて

リンクボタンには、そのボタンをクリックすると、該当する位置から再生を開始する、あるいはページを切り替えるという機能を持っています。また、ページの移動機能を持ったリンクボタンもあります。

● リンクボタンの削除

　シーン選択メニューの「ページ1」には、「1:シーン/チャプター」というリンクボタンがあります。
　ところが、この「1:シーン/チャプター」というボタンは、メディアの先頭に自動的に設定されているリンクボタンで、メインメニューにあるボタンと同じです。そこで、このボタンを削除します。

削除したいボタンを選択する

Deleteキーを押すと削除される

プロジェクト概要からも削除される

262

Chapter 6　ムービーを出力する

TIPS 「プロジェクト概要」ウィンドウで削除

ボタン削除は、「プロジェクト概要」ウィンドウでボタンを選択し、右クリックで表示されるメニューから「削除」を選択しても削除できます。

● ボタンのページ間移動

次に、シーン選択メニューの「ページ2」にある「靖国神社」のリンクボタンを、「ページ1」の「4:菜の花」というリンクの下に配置してみましょう。なお、移動したボタンの配置やサイズは、このあとの操作で調整します。

ボタンをドラッグする　　　ボタンが移動する

移動したボタンが、前からあるボタンと重なっている　　　ドラッグする

263

Chapter 6 ムービーを出力する

● ページの削除

シーン選択メニューの「ページ2」にはリンクボタンがなくなったので、このページを削除します。ページの削除は、「プロジェクト概要」ウィンドウで行います。

❶削除したいページで右クリックする
❷「削除」を選択する

ページが削除される

なお、シーン選択メニューの「ページ1」には、「ページ2」へ切り替えるリンクボタンが残っているので、これも削除します。

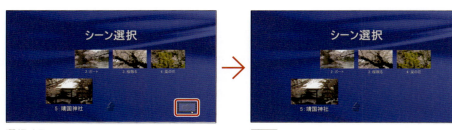

選択する

Delete キーで削除する

264

Chapter 6 ムービーを出力する

PLATINUM

6-9 DVD Architect 編
メニュー付き DVD ビデオの「メニューデザインを変更」

ここでは、メニューの背景やボタンデザインなどを変更し、よりオリジナルなメニュー画面を作成する方法について解説します。メニューの背景に、自分で撮影した写真を利用する方法なども解説します。

背景のテーマを切り替える

　メニューの背景デザインは、自由に変更できます。ウィンドウドッキングエリアで「テーマ」タブをクリックすると、背景デザインを切り替えるテーマ一覧が表示されます。ここでテーマをダブルクリックすると、選択したテーマに切り替えられます。

　テーマを切り替えると、ボタンデザインなども同時に切り替わります。なお、メインメニュー、シーン選択メニューのデザインは、個別に切り替えられます。

❶「テーマ」タブをクリックする
❷テーマをダブルクリックする

メインメニューのテーマが変更される

シーン選択メニューのテーマも同じ方法で変更

 テーマを元に戻す

変更したテーマを元に戻したい場合は、[Ctrl]+[Z]キーで元に戻すことができます。

265

Chapter 6 ムービーを出力する

TIPS 背景だけを変更する

「テーマ」では、背景と一緒にボタンのデザインも変更されます。しかし、ボタンデザインはそのままで、背景だけ変更したい場合もあります。そのようなときには、ウィンドウドッキングエリアの「背景」タブを利用すると、背景だけを変更できます。

背景をオリジナルな写真に変更する

背景には、自分で撮影したビデオや写真などを利用できます。ただし、写真の場合は注意が必要です。たとえば、作成しているDVDビデオの画面が16:9の場合、背景に利用する写真の縦横比も16:9でないと、写真が歪んでしまいます。それを避けるには、152ページで解説したMovie Studioのフレーム書き出し機能「スナップショットをファイルに保存」を利用すると良いでしょう。

● フレームを書き出す

Movie Studioを利用し、ビデオや写真をイベントとして配置します。このとき、写真の左右にピラーボックスなどが表示されないように、150ページを参照して調整してください。この状態で写真を切り出せば、メニュー画面の背景として問題なく利用できます。

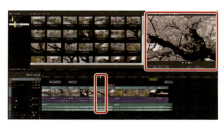

切り出したいフレームを選択

[スナップショットをファイルに保存...]をクリックする

266

Chapter 6 ムービーを出力する

◉ オリジナル写真に切り替える

では、メニュー画面の背景を、[スナップショットをファイルに保存...]を利用して切り出したデータに変更してみましょう。

❶メニュー画面上で右クリックする
❷「背景メディアの設定...」を選択する

❸データを選択する
❹[開く]ボタンをクリックする

背景が切り替わる

シーン選択メニューも切り替える

◉ 背景のコントラストを調整する

背景が写真の場合、リンクボタンのサムネイルが目立たなくなります。そこで、背景写真のコントラストを調整し、リンクボタンを目立たせます。

❶メニュー画面上で右クリックする
❷「トリミングと調整...」を選択する

❸「トリミングと調整」ウィンドウが表示される
❹[コントラストを下げる]ボタンをクリックする

Chapter 6　ムービーを出力する

調整前　　　　　　　　　　　　　　　　　調整後

●シーン選択メニューもコントラストを調整

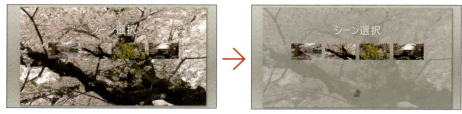

調整前　　　　　　　　　　　　　　　　　調整後

ボタン、テキストの配置を変更する

　ボタンは、ドラッグによって配置位置を自由に調整できます。メインメニュー、シーン選択メニュー、共にボタンの配置を調整します。また、ページタイトルもドラッグで位置変更できます。

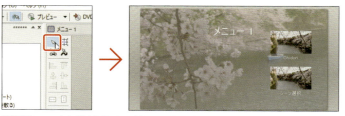

「選択」ツールを選ぶ　　ボタンの位置を調整

タイトル位置を調整　　　　　　　　　　　シーン選択メニューも調整

Chapter 6 ムービーを出力する

ボタンデザインを変更する

　デフォルトで設定されているボタンは、デザインを自由に変更できます。ここでは、ボタンのデザインに加え、ボタンのサイズも変更する方法を解説します。

◉ ムービーへのリンクボタンのデザインを変更する

　ここでは、映像を再生するためのサムネイル付きのボタンのデザインを変更してみましょう。ウィンドウドッキングエリアにある「ボタン」タブで変更します。

ボタンを選択する

❶［ボタン］タブをクリックする
❷［フレームのあるボタンの表示］ボタンをクリックする
❸利用したいボタンデザインをダブルクリックする

デザインが変更される

別のボタンをクリックして変更する

Chapter 6 ムービーを出力する

◉ ページ切り替え用ボタンのデザインを変更する

　メインメニューにある「シーン選択」というリンクボタンは、シーン選択メニューを表示するためのメニュー切り替えボタンです。ここでは、「フレームのないボタンの表示」という一覧を利用してボタンデザインを変更します。

ボタンを選択する

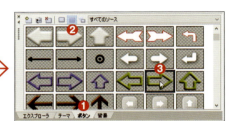
❶ [ボタン] タブをクリックする
❷ [フレームのないボタンの表示] ボタンをクリックする
❸ ボタンをダブルクリックする

デザインが変更される

別のボタンをクリックして変更する

◉ ボタンのサイズを変更する

　ボタンデザイン同様に、ボタンサイズも自由に調整できます。この作業では、「サイズ変更ツール」を利用します。

サイズ変更ツールを選択する

ボタンを選択する

270

Chapter 6 ムービーを出力する

ハンドルをドラッグしてサイズを調整する　　配置位置を調整する

テキストを修正する

ページタイトルやボタンの名称などのテキストは、フォント、色、サイズなどを変更できます。テキストの修正には、「テキスト編集バー」を利用します。

テキスト編集バー

◉ ページタイトルを修正する

メインメニューの、ページタイトルを変更してみましょう。

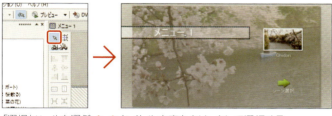

「選択」ツールを選ぶ　　タイトル文字をクリックして選択する

❶タイトル部分で右クリックする　　編集可能な状態に切り替わる
❷「テキストの編集」を選択する

271

Chapter 6 ムービーを出力する

変更前

文字を修正

「プロジェクト概要」ウィンドウの名称も変わる

TIPS　ツールボタンでもOK

ワークエリアの下にツールボタンが並んでいます。文字選択後に、ここにある[テキストの編集]ボタンをクリックしても、文字修正ができます。

◉ タイトルのフォントを変更する

タイトル文字のフォントを変更してみましょう。フォントの変更は、テキスト編集バーにあるフォント一覧から選択して変更します。

タイトルを選択する

[v]ボタンをクリックする

Chapter 6 ムービーを出力する

◉ 文字色を変更する

文字色は、テキスト編集バーのカラーボックスで変更します。

カラーボックスをクリックする

色が変更される

❶カラーピッカーから色を選ぶ
❷[OK]ボタンをクリックする

TIPS　オリジナルカラーパレットを利用する

カラーボックスの右にある[▼]をクリックすると、DVD Architectのカラーピッカーが表示されます。ここでは、不透明度の調整も可能です。

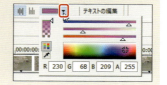

◉ 影を調整する

文字の影を調整することで、文字を目立たせることが可能です。なお、テキスト編集バーにある[S]ボタンをクリックすると、影のオン、オフを切り替えられます。

❶[S]ボタンの右にある[▼]をクリックする
❷スライダーで影を調整する

調整前　　　　　　　　　　　　　　　　調整後

273

Chapter 6 ムービーを出力する

「ブラー」について

「ブラー」というのは、影のぼかし具合のことです。スライダーをドラッグして、影の輪郭のぼけ具合などを調整します。

◉ 文字サイズを調整する

文字のサイズ変更も、編集テキストバーから選択して編集します。

文字を選択する

サイズを変更

❶[v]ボタンをクリックする
❷選択する

◉ リンクボタンのテキストも修正

ページタイトルと同様の方法で、リンクボタンのテキストも変更できます。

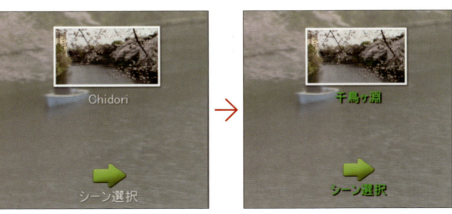

変更前

変更後

Chapter 6 ムービーを出力する

シーン選択メニューをカスタマイズする

　シーン選択メニューも、メインメニュー同様に、ボタンデザインやテキストなどをカスタマイズし、オリジナリティをアップします。

カスタマイズ開始

ボタンサイズを調整

ボタンサイズを調整

ボタンデザインを変更

4つのボタンをまとめて選択

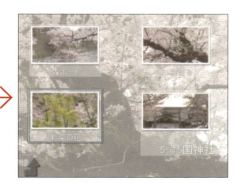
まとめて同じデザインに変更

275

| Chapter 6 | ムービーを出力する |

ページ切り替えボタンのデザインも変更

変更前

変更後（表示位置も調整）

テキストを変更

配置位置を調整

　最後に、文字やボタンの配置位置を調整して完成です。

メインメニュー画面

シーン選択メニュー

276

Chapter 6 ムービーを出力する

6-10 **PLATINUM** DVD Architect 編
メニュー付き DVD ビデオの「BGM を設定」

ここでは、メニュー画面にBGMを設定する手順について解説します。BGMは、メニューが表示されている間、繰り返し再生されます。また、メニューごとに変更することも可能です。

メニュー画面にBGMを設定する

　メニュー画面は、動きのない画面です。背景にムービーを設定できますが、静止画像を利用した場合には動きがありません。そこで、メニュー画面を表示している間、BGMを再生させることができます。

エクスプローラーでBGM用のデータを表示する

メニュー画面上にドラッグ&ドロップする

オーディオトラックに波形が表示される

　なお、メニューページが複数ある場合、同じ方法で各メニューページに別々のオーディオデータを設定することができます。

277

Chapter 6　ムービーを出力する

6-11 PLATINUM DVD Architect 編
メニュー付き DVD ビデオの「メディアへの書き出し」

オーサリング作業が終了したら、「プレビュー」で動作チェックをしてDVDメディアに記録します。操作手順は、DVDビデオもBlu-ray Discも同じです。

プレビュー画面で動作チェックする

　プロジェクトの編集が終了したら、メディアへの書き込みです。その前に、メニューがきちんと動作するかどうか、プレビュー機能を利用して動作チェックします。
　このとき、どのページからプレビューを開始するか、また、表示する画質などを選択できます。

● プレビューの開始と画質の選択

　プレビューを開始し、その際の画質を選択します。ただし、ここでの画質設定は、実際の書き出しには影響ありません。あくまで、プレビュー時の画質です。

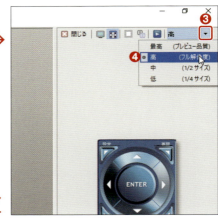

❶プレビューボタン右の[▼]をクリックする
❷どこからプレビューをするのかを選択

❸[▼]をクリックする
❹再生時の画質を選択する

278

Chapter 6　ムービーを出力する

◉ ムービー再生のチェック

　リンクボタンをクリックして、動画が再生されるかどうかをチェックします。なお、先に解説したように、メインメニューのボタンは、映像の先頭から再生を開始します。

リンクボタンをクリックする　　　　　　　　　　動画が再生される

 再生される位置を確認する

シーン選択メニューの場合は、選択したボタン位置から再生が開始されるかどうかを確認します。

◉ ページ切り替えのチェック

　ページ切り替えボタンで、ページが切り替わるかどうかをチェックします。

ボタンをクリックする　　　　　　　　　　ページが切り替わるかどうかをチェックする

◉ プレビューを終了する

　プレビューを終了する場合は、[閉じる]ボタンをクリックします。

[閉じる]ボタンをクリックする

Chapter 6 ムービーを出力する

TIPS ボタン機能の修正

リンクボタンの機能を変更する場合は、ボタンを選択すると画面右側に「ボタンプロパティ」が表示されるので、ここで変更します。たとえば、ボタンのフレーム映像を変更したい場合は、画面のように「ボタンプロパティ」の「メディア」にある「サムネイルプロパティ」→「開始時間」から[v]ボタンをクリックし、表示されたスライダーをドラッグして変更します。なお、再生開始位置の変更は、サムネイルをダブルクリックしてタイムラインにメディアとマーカーを表示し、該当するマーカーをドラッグして開始位置を変更します。

❶ボタンを選択する
❷「メディア」を選択する
❸「開始時間」のタイムコードを修正する

書き込みプロジェクトの準備

書き込みを実行する前に、書き込みに必要な準備をします。

[DVDの作成]ボタンをクリックする

[準備]ボタンをクリックする

❶プロジェクトの保存場所を確認する。必要があれば変更する
❷[次へ>]ボタンをクリックする

「メッセージリストの確認」でエラーがなければ、[次へ>]ボタンをクリックする

280

Chapter 6 ムービーを出力する

TIPS エラーを修正するには

エラーが表示された場合は、[最適化]ボタンをクリックしてください。「ディスクの最適化」ダイアログボックスが表示され、エラーを解決できます。

[最適化]ボタンをクリックする

「ディスクの最適化」ダイアログボックス

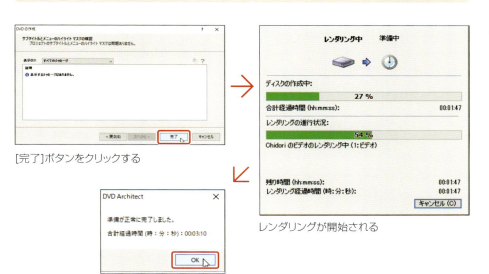

[完了]ボタンをクリックする

レンダリングが開始される

[OK]ボタンをクリックする

書き込みを行う

書き込みの準備が終了したら、書き込みを行います。再度、[DVDの作成]ボタンをクリックし、DVDの作成メニューを表示します。

281

Chapter 6 ムービーを出力する

[書き込み]ボタンをクリックする

❶プロジェクトの保存先などを確認する
❷[次へ>]ボタンをクリックする

❸メッセージを確認する
❹[次へ>]ボタンをクリックする

[OK]ボタンをクリックする

❺ボリューム名を入力する
❻書き込み用のパラメータを選択する
❼[完了]ボタンをクリックする

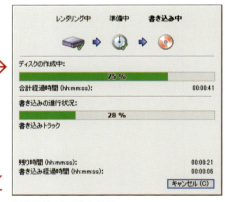
書き込みが開始される

[いいえ]ボタンをクリックする

INDEX

記号/数字

.sfk	091
.sfvp0	090
29.97fps	015
2Dグロー	139
2Dシャドー	139
2K	088
3ポイント編集	083
4K	087
8K	087

英語

AVCHD	019, 229
BDMV	026
BGM	037, 204
BGMをトリミング	205
dB	207
DCIM	025
DVD Architect Pro	248
DVD Architectに送信	250
DVDの書き込み	247
DVDまたはBlu-ray Diskに書き込む	246
fps	014
H.264	229
HSL	170
HSV	169
iPhone	233
iPhoneと同期	234
ITU	229
iTunes	038
iTunesに転送	234
iVIS HF G20	024
Lab	170
NTSC	019, 247
PAL	019, 247
PhotoSync	035
QuickTime 7	244
RGB	170
SMPTE	016
STREAM	026
Sボタン	273
VEGASクロマキーヤー	144
YouTube	230

あ

アウトポイントの設定	082
アウトライン	169
明るさを調整	160
アクティブ	201
アクティブの削除	202
アスペクト比	149
アナモルフィック	020
イベント	034
イベントFX	102
イベントのシャッフル	062
イベントを削除	064
イベントを選択	060
入れ替え	061
イントロダクションムービー	255
インポイントの設定	083
ウィンドウドッキングエリア	008
上書き	063
映像と音声を分割	215
エクスプローラ	012, 254
エフェクト パラメータ	182
エフェクトのオン/オフ	217
エフェクトの削除	218
エンドロール	193
エンベロープ	210
エンベロープの挿入/削除	211
オーディオエフェクト	216
オーディオエンベロープ	210
オーディオコントロール	047
オーディオデータの取り込み	037
オーディオトラックFX	216
オーディオトラックコントロール	040
オーバーラップ	113
オーバーラップを解除	115
オフセット	171
音量調整	207

か

カーソルの後に追加ボタン	086
開始時間	280
階層構造	026
書き込みボタン	282
画像とビデオのインポート	235
カットに変換	108
カラーキー	145
カラー補正	160
空のイベント	067
キーフレーム	128
キーフレームを移動	132
キーフレームを削除	133, 213
ギャップ	064
行間隔	168
クイックスタート	013
グループから削除	215
クレジットロール	176
クロップ	153
クロマキー	134
ゲイン調整	213
コーデック	225
ここに移動	063
コンポジットモード	046

INDEX

さ

サイズ変更ツール	270
最適化ボタン	281
サブクリップの作成	085
サムネイル	031
サムネイルプロパティ	280
シーン／チャプターマーカーの挿入ボタン	256
シーン選択メニュー	256
シーン選択メニューの挿入	258
字間	168
時間形式	016
時間のズーム	056
時間表示ウィンドウ	009
時系列	183
システムタブ	229
自動プレビュー	029
自動リップル	052
写真データ	032
写真を回転	157
斜体	179
シャドウ	170
準備ボタン	280
詳細	031
ショートカットキーの設定	011
新規プロジェクト	017
ズームイン	055
ズーム調整	055
ズームツール	057
ズーム編集ツール	057
ズームボタン	056
スクラブコントロール	009, 040
スクロールタイトル	175
スケール	167
スタイルの設定	196
スナップショットをファイルに保存	152
スナップを有効にする	044
スライドショー	148
スリップ	078
スレッショルド	146
静止画像	033
生成されたメディア	165
センサースライダー	207
選択されたプラグインの削除	218
選択したクリップのインポート	028
選択ツール	271
選択範囲の表示	041
ソロ	215

た

タイトルおよびテキスト	164
タイプ別	029
タイムコード	015
タイムズーム	040
タイムライン	009
タイムラインツールバー	009
タイムラインのカーソルの後に追加ボタン	083
タイムルーラー	040
縦位置映像を編集	241
縦位置で出力	243
チャプターポイント	256
チャプターマーカーを設定	256
チャプターメニュー	256
著作権	038
テイク	198
テイクとして追加	067, 199, 202
ディスクの最適化	281
ディゾルブ	174
ティルト	153
テキストの色	167
テキスト編集バー	271
テキストボックスの追加	195
デバイス エクスプローラー	028
デフォルトのレイアウト	011
デュレーション	055
テンプレートのカスタマイズ	228
トラッキング	168
トラック	041
トラックの削除	043
トラックの高さ調整	057
トラックの高さボタン	057
トラックの追加	042
トラックヘッダー	046
トラック名の設定	047
トラックモーション	138, 185
トラックリスト	009
トランジション	012, 113
トランジションを削除	108
トランジションを変更	106
トランスポートコントロール	008, 009, 043
取り消し	066
トリマー	013
トリマーウィンドウ	009, 080
トリマーツールバー	009
トリマーで開く	010
トリミング	073
トリミングと調整	267
トリミングボタン	075
トリム	073
トリムの開始	077
トリムの終了	077
ドロップフレーム	016

な

長さ	173
名前を付けてレンダリング	226
ナレーション	219
ノンドロップフーレム	016

284

INDEX

は
ハードディスクドライブに保存する……224
背景色……180
背景タブ……266
背景メディアの設定……267
パン……153
パン／クロップ……153
パンスライダー……208
ハンドルを回転……158
ピクチャー・イン・ピクチャー……134
ビデオFX……013, 117
ビデオコントロール……046
ビデオトラックコントロール……040
ビデオトラックの挿入……042
ビデオプレビュー……013
標準編集ツール……060
ピラーボックス……149
開くウィンドウ……027
開くボタン……027
ビン……029
ファイルをプロジェクトから削除……030
フィールド順序……240
フェードアウト……174, 193
フェードイン……174
フェードの種類……214
フォントサイズ……168
フォントを変更……166
太字……179
不明なファイルの検索……031
ブラー……171
プラグインチューザー……119
フレーム……014
フレームのあるボタンの表示……269
フレームのないボタンの表示……270
フレームレート……014
プレビュー画面の画質……181
プレビューの解像度……104
プレビューフェーダー……209
プレビューボタン……260
ブロードキャストオプション……231
プロキシファイル……090
プログレッシブ スキャン……240
プロジェクト メディア……012, 025
プロジェクト概要ウィンドウ……254
プロジェクトから削除……030
プロジェクトタブ……229
プロジェクトの保存……021
プロジェクトファイル……017
プロジェクトファイルの読み込み……022
分割……067, 079
編集ツールの切り替え……044
編集ツールバー……043
補完カーブ……133
ポスト……064

ボタンタブ……269
ボタンプロパティ……280
ボリューム スライダ……207

ま
マーカー……070
マーカーバー……008
マーカーを削除……257
マイクでの録音……219
マスタ パス……208
マルチカメラ編集……092
ミュート……215
ムービーの作成ボタン……224
ムービーの保存形式……225
メインタイトル……162
メインツールバー……008
メディア……023
メディアジェネレータ……012, 162
メディアの削除……030
メディアの設定と一致させる……020
メディアの追加……025
メディアを再キャプチャする……031
メニュー付きDVDビデオ……248
メニューなしのDVDビデオ……246
メニューバー……008
メモリーカードリーダー……024
文字サイズ……167
文字色……167
文字揃え……179
文字プロパティ……197

や/ら
やり直し……066
リージョン……019, 070
リスト……031
リップル……045
リムーバブルディスク……024
リンク切れ……031
リンクボタン……262
リンクボタンの削除……262
ループリージョン……082
レイアウトの保存……011
レターボックス……149
レベルピークメーター……013, 208
レンダリング……225
レンダリング品質……231
録音アーム……221
録音ボタン……221
録音モード……222

阿部 信行（あべ のぶゆき）

千葉県生まれ。日本大学文理学部独文学科卒業。
ビデオ関連の執筆が多いが、ビジネスアプリからWeb制作関連まで執筆する、
コンビニテクニカルライター＆PCインストラクター＆雑誌編集者。
ライター業、編集業のほかに、Web制作、イベントのライブ中継なども請け負っている。
また、フットワークが軽く、どこへでも出前講師の要請に応じる。
介護職員初任者研修(旧ホームヘルパー2級)取得済み。
株式会社スタック代表取締役。
All About「動画撮影・動画編集」「デジタルビデオカメラ」ガイド。
東北芸術工科大学非常勤講師。

●最近の著書
『EDIUS Pro パーフェクトガイド 9/8/7 対応版』（技術評論社）
『VEGAS Pro 15 ビデオ編集入門』（ラトルズ）
『VEGAS Pro 14 ビデオ編集入門』（ラトルズ）
『Premiere Pro スーパーリファレンス CC 2017/2015/2014/CC/CS6 対応』（ソーテック社）
『Premiere Pro & After Effects いますぐ作れる! ムービー制作の教科書』（技術評論社）

装丁・デザイン‥‥米谷テツヤ
編集・DTP‥‥‥‥うすや

VEGAS
Movie Studio 15 ビデオ編集入門

2018年4月25日 初版発行

著　者　　阿部信行
発行者　　黒田庸夫
発行所　　株式会社ラトルズ
〒115-0055　東京都北区赤羽西4-52-6
電話 03-5901-0220　FAX 03-5901-0221
http://www.rutles.net

ISBN978-4-89977-476-1
Copyright ©2018 Nobuyuki Abe

【お断り】
- 本書の一部または全部を無断で複写複製することは、法律で認められた場合を除き、著作権の侵害となります。
- 本書に関してご不明な点は、当社Webサイトの「ご質問・ご意見」ページhttp://www.rutles.net/contact/index.phpをご利用ください。電話、電子メール、ファクスでのお問い合わせには応じておりません。
- 本書内容については、間違いがないよう最善の努力を払って検証していますが、著者および発行者は、本書の利用によって生じたいかなる障害に対してもその責を負いませんので、あらかじめご了承ください。